修订版

百年衣裳

20世纪中国服装流变

袁仄 胡月 著

夏葆元 题图

生活·读书·新知 三联书店

图书在版编目（CIP）数据

百年衣裳：20世纪中国服装流变／袁仄，胡月著. —2版（修订本）. —北京：
生活·读书·新知三联书店，2022.1
ISBN 978 – 7 – 108 – 06335 – 9

Ⅰ. ①百⋯　Ⅱ. ①袁⋯ ②胡⋯　Ⅲ. ①服装－历史－中国
Ⅳ. ① TS941-092

中国版本图书馆 CIP 数据核字（2018）第 131751 号

章前题图　夏葆元
书名题签　胡　朋

责任编辑　徐国强
装帧设计　康　健
责任印制　卢　岳
出版发行　生活·讀書·新知 三联书店
　　　　　（北京市东城区美术馆东街 22 号 100010）
网　　址　www.sdxjpc.com
经　　销　新华书店
制　　作　北京金舵手世纪图文设计有限公司
印　　刷　北京隆昌伟业印刷有限公司
版　　次　2022 年 1 月北京第 2 版
　　　　　2022 年 1 月北京第 1 次印刷
开　　本　720 毫米 × 1020 毫米　1/16　印张 28
字　　数　250 千字　图 385 幅
印　　数　0,001 – 5,000 册
定　　价　148.00 元

（印装查询：01064002715；邮购查询：01084010542）

谨以此书献给我们的父母

感谢他们的养育、支持和挚爱

为 衣 作 序

"云想衣裳花想容"，诗也。云想，花想，其实是人想。

衣是人的生活必需，是艺术要求、美学追索，是人的文明史、文化史中的大篇章，非大手笔难书也。

袁仄、胡月这一双小儿女居然写出了这么一部可称宏伟的《百年衣裳》。称这一对中年夫妻为小儿女，我是由衷地叫得出的。胡月是我的好友、密友胡石言的爱女，袁仄是爱婿，他俩把此生交付了服装此一行业、此一美业。石言是电影《柳堡的故事》并其主题歌《九九艳阳天》的创作者，而我是他的首席伴奏。历经了历史性的坎坷，我们仍有着共同的心声和理想："我是一个爱国主义者，更是一个'人类主义'者。"（见胡石言旧札中的一句遗言）

这三言两语里有着我们共同的历史性的乐观的悲剧，并悲观的喜剧。我也没想到百年衣裳却包容了我们和我们的父母子女所经历的百年历史。且不说慈禧太后为洋人摆样拍照，蒋介石与毛泽东均着中山装合影……就说"柳堡"中小战士的旧军装，石言和我俩人都穿了大半生。在祖国大动乱后的一个早晨，我仍着旧军装，在什刹海边晨练，一位京韵老太太轻轻走过来，悄悄说："您怎么还穿这个，谁看着都不合适！"俱往矣，如今谁看着也都还合适，且可自以为荣。

又没想到此书借用了不少我的私家照，我几乎看到了我个人的家史与自传。别的读者当然不可能经历相同，但你总能感到自己亲历过的或远或近的历史。那就很有意思了，是吧？我这欲言又止的三言两语能勾起你一阅一翻的兴趣吗？那也就算对得起大时代小儿女历史性的重托，为之小序，如斯。

代　序

记忆中，我在少年时，每逢过春节，母亲就给我换新衣，穿的是长袍马褂，头戴瓜皮帽，活像一个小老头，但在那时却十分顺眼而不以为怪。稍后长大到青年时期，马褂是不穿了，而长袍依然，持续了好几十年，成了最普遍的服装。其间也出现了穿中山装或学生装的，但为数不多。三四十年代北京的大学生，他们最时髦的服装是：冬天一件长袍，一条西装裤，脖子上围一条围巾，头不戴帽，在风雪中走动，显得很英俊潇洒。至1949年建国后，服装起了大变化，人们一律改穿中山服，布色必须是深蓝的，一个式样，男女老少咸宜。你倘若要在人堆里找一个熟人就颇有点费力。遇有集会，几千人集合在一起，你在高处望去，只见一片蓝色海洋。这穿着一样的服装同说着一样的话之间是否有着某种关联，细想起来，内中颇堪耐人寻味。不过，服装的变化，为诸多复杂的因素所制约。服装虽标志着一个民族的文化特征，但又常常为时势变化所决定，倘无旧中国的消亡，就不会有瞬息间全民服装的大变换。这中山装自20世纪中叶至80年代初，有三十余年的盛行历史，到改革开放后逐年消淡，代之以西装和各种各样的夹克衫。这一改变好像没有听到过任何权威方面的提倡，倒是带有自发性的，似乎是暗示着要同国际逐步接轨。因为在海外的通都大邑，人们穿的大抵是西装和夹克衫。

我这一番对20世纪服装的巡礼，只凭有限的记忆，十分粗糙和不周全。现在袁仄、胡月二位所作的这本《百年衣裳》，却算得上是一部研究该世纪服装变化的颇为扎实的著作，有叙述、有分析，有资料佐证，有图像作对照，且文字如行云流水，娓娓道来，浅出深入，可读性很强。一本专著能写得读之有味而不枯燥，也算是一种特色了。

服装史的研究是一种文化史的研究，不同时代的服装变换，晓示着不同时代人们的审美观念和审美趣味的变换，这种文化心理又与政治因素交织在一起，是个相当复杂的问题。这本书始终与时代的变幻息息相关地谈论着服装，便道出了此中消息。我想，读者不难从书中得到你们想要知道的东西。

我对服装研究完全是门外汉，但对袁仄、胡月二位著述本书，始终采取着赞同的态度，只因这一点的缘故，他们一再要我写几句话，我只好不计谫陋，勉力涂鸦几句，聊以塞责，好在读者要看的是本书，我的话只作祝贺出版后的一点余兴罢了。

目 录

为衣作序 / 黄宗江 7

代序 / 许觉民 8

第一章　1900年代 15

　　1. "垂衣裳而天下治" 18

　　2. 固守其旧为社稷 25

　　3. 洋货与洋风渐入 34

　　4. 长袍马褂瓜皮帽 39

　　5. 满汉融合的女装 44

第二章　1910年代 59

　　1. 新旧之间 62

　　2. 剪辫与放足之径 64

　　3. 服制立法为先 73

　　4. 亦破亦立，服饰教化 75

　　5. 舶来洋装与长袍马褂 79

　　6. 中西莫辨，伦类难分 87

　　7. 摒弃流风遗俗 90

第三章　1920年代 105

　　1. 旧的不去，新的不来 108

　　2. 政治理想催生中山装 114

　　3. "女人穿上了长袍" 120

　　4. "美的人生观" 127

　　5. 中西不悖，土洋结合 134

　　6. 扮美的自觉 141

第四章　1930年代 151

1. 旗袍的黄金时代 154
2. 海派的摩登岁月 169
3. "有损观瞻"的时髦女郎 174
4. "新生活"与运动 177
5. 月份牌上的"新女性" 184
6. 男女装的民国模式 190
7. 救国与国货运动 201

第五章　1940年代 207

1. 民国时尚素描 210
2. 旗袍，再度黄金时代 226
3. 从凤冠霞帔到婚纱 235
4. 体育文明与运动服装 243

第六章　1950年代 251

1. 一场嬗变 254
2. "洗澡"与制服 261
3. "同志"年代与列宁装 267
4. 凋零的旗袍 273
5. 泛政治化服饰 276
6. 短暂的繁荣 283
7. 缝缝补补又三年 289
8. 大辫子、干部帽和"千层底" 291

第七章　1960年代 297

1. "数字化生存"——票证年代 300
2. 不爱红装爱武装 314
3. 造反狂飙与"红卫兵装" 317
4. 席卷"四旧"服饰残云 324
5. 服饰的"安全系数" 329
6. 从"毛装"到"一军二干三工" 330

第八章　1970年代 337

　　1. 荒谬年代的畸形审美 340
　　2. 徘徊的服装产业 353
　　3. 暗潮涌动 360
　　4. 委屈的女性 361
　　5. "坛子"已打破 363

第九章　1980年代 369

　　1. 迸发的欲望 372
　　2. 时髦的裤子 382
　　3. 以服装为龙头 388
　　4. 西装热 389
　　5. 文化衫与另类文化 395
　　6. 与国际时尚接轨 398
　　7. "傻子过年看隔壁" 403

第十章　1990年代 411

　　1. "作秀"不仅仅是姿态 415
　　2. 品牌与扮"酷" 418
　　3. 直视直言的性感 424
　　4. 新新人类与新时尚 431
　　5. 后现代的花样年华 438

后记 445
再版后记 447

1900年代

第 一 章

1 9 0 0 年 代

公历纪元 1901 年元旦，人类社会步入了 20 世纪的门槛。

在这个世纪里，整个世界将以前所未有的速度发生变化，中国亦然。

…………

元旦那天，是光绪二十六年十一月十一。中国最后一个封建王朝的统治者正流亡在西安，天空洒着小雪，大清帝国笼罩着阴霾之气。

这一年，八国联军控制和占据了大清国的皇城，联军司令瓦德西住进了皇太后慈禧最喜爱的起居之所中南海仪鸾殿。皇宫里静静地长满杂草，紫禁城里行走着高鼻深目的洋人。京城里的大清子民们蜷缩着脑袋，行色匆匆。

清王朝从皇太极改国号为大清起，就直接影响着中国服饰风格的重大变化。满人入关之后，就强令汉人剃发留辫，改穿满族服装，一是为保持满族的先正之风，不被汉人同化；二是为从物质形式到思想意识彻底征服汉人。满清服装制度曾引起汉族人民的强烈抵制，但随着时间的推移，汉人逐渐接受了满服和辫子。

20 世纪最初的十年，正是满清王朝统治的最后十年。庚子之变再一次地动摇了这齿落发稀的衰败王朝，依李鸿章所言，大清国已是"一座四面透风的破房子"。

1902年1月,《辛丑条约》签订以后,慈禧太后返回北京。与狼狈逃离北京时大不相同,她在保定还乘坐了一段火车到京郊马家堡,车站上一班跪迎的大臣们个个顶戴花翎、补服箭袖。太后穿着绣有行龙和章纹的明黄袍,石青色的披领,戴着缀有展翅金凤的三层顶冠。[1] 不过,车站仪仗队吹奏的迎宾曲居然是法国革命歌曲《马赛曲》。可以断定,太后、大臣们并未了然这曲子中的造反意味,西方资产阶级的革命歌曲环绕在东方封建帝后的耳边,实在令人啼笑皆非。

20世纪初的中国,大清的龙旗仍在皇土上空飘扬,臣民头上的发辫依旧,衣衫依旧。尽管满清帝国已是千疮百孔,然而满清祖先定下的衣冠之制不能更张。不过也有例外:1900年的庚子之变,英法等八国联军攻入北京。8月15日,慈禧皇太后、光绪皇帝从景山西街出地安门西行,仓皇逃离北京。那是一个雨天。太后是一身汉族农妇装束,盘羊式的婆婆发式,深蓝色半新不旧的夏布褂子,浅蓝色的裤子,新绑腿,新白布袜子,黑布鞋。大清朝的皇帝也被装扮成汉人伙计的模样,蓝色大襟长衫,肥大的黑裤子,圆顶小草帽。据说,这些服装是住在前门外鲜鱼口的一位汉人妇女给准备的,她是太监李莲英的姐姐。[2]

皇帝与太后的这身平民装扮也许正是帝国气数已尽的不祥征兆。

1."垂衣裳而天下治"

在中国文化的坐标里,服饰规矩的确立乃安邦定国之道。上古时期的先人已说:"黄帝、尧、舜垂衣裳而天下治,盖取诸乾坤。"

中国的历朝历代都有严格的服饰制度,在封建帝国里,服装甚至是与脑袋同等重要的大事,绝不可等闲视之。从有记载以来,服装就不仅是蔽体保暖的实用品,更是阶级社会里严内外、别亲疏、昭名分、辨贵贱的工具。所谓"贵贱有级,服位有等……天下见其服而知贵贱"就是这个道理。

清初,一部著名的戏剧《桃花扇》曾让多少人唏嘘不已。这个发生在明末清初的故事,讲的是明朝才子侯方域与名妓李香君的悲欢离合,浸透了家国的悲情。剧中的高潮自然是男女主人公的久别重逢,当李香君发现她日思夜想的人竟然随满俗剃发改装,身着长袍马褂,登时勃然大怒,毅

1
慈禧利用皇帝生母的身份,夺取了军政大权,她所穿着的朝服、吉服上,织绣有象征皇权的十二章纹饰,这是清帝国历史中不多的服饰违制的情形。

2
参见金易、沈义羚:《宫女谈往录》,紫禁城出版社2004年版,第232—233页。

这张损坏于"文革"期间的照片
弥足珍贵，它记录了百年前的穿
戴。晚清时期，严格的服制仍在
延续，尊坐中央的老者身穿端
罩，这是冬季套在朝袍、吉袍外
的裘皮外褂，非达官贵人不能穿
（李克瑜供）

然斩断情缘，悲愤而绝。[3] 实乃服装惹的祸?！与舞台上一样，服装在社会
历史、现实生活中，同样不是简单的实用物品，而是被赋予了诸多精神内
涵的物质载体，成为美学家眼中的"有意味的形式"。[4]

　　据《清史稿》记载，清兵刚入中原，山东进士孙之獬为个人利禄，先
行剃发迎降，换上了满族服装。朝会上，满班官员认为孙某身为汉人应列
于汉人之班列，汉班官员却认为孙某既着满装，应该站列为满班官员。左
不得，右不得，令孙之獬十分尴尬。据说孙恼羞成怒，故而谗言清主颁削
发改易令。他受降于外族、媚主改易本民族服饰的行为激起了汉民的愤恨，
引发山东民众攻入淄州城中，将其杀死。

　　毋庸置疑，服装可以是民族的象征，也可以是权力压迫的手段。三百
多年前的满洲贵族深谙此道。

3
《桃花扇》是中国清代著
名的传奇剧本，作者孔尚
任"借离合之情，写兴亡
之感"，通过侯方域和李
香君的爱情故事，表现了
南明覆亡的历史。

4
英国美学家克莱夫·贝尔
（Clive Bell, 1881—1964）
提出"美"是"有意味的
形式"的观点，否定再现，
强调纯形式的审美性质。

清朝官宦所着"箭衣",即开衩
之袍,袖口装有箭袖,因形似马
蹄,俗称"马蹄袖"

清末皇亲贵胄,长袍马褂旗装

清末汉家富贵女眷,戴勒子,着弓鞋,大袖上衣和马面裙,
衣饰镶滚刺绣甚为讲究

清末此类明信片作为洋人对异域
风情的记录，将这位小脚贵妇的
着装定格下来

Canton   Chinese Small feet Beauty

这位清末男子深为脑后的长辫自得，特侧立镜前存照

汉族女子婚后通常戴遮眉勒子，梳发髻，把身体罩在层层长大的衣衫下面

清末青楼女子衣衫紧窄，并早早地换了元宝领

清汉族女装大多为上衣下裳（或下裤），通常衫袄为右衽大襟，长至齐膝或膝下，衣袖非常宽博，左右开衩，衣"务尚宽博，袖广至一尺有余"（刘蓬作）

这是满清官宦家庭炫耀门庭的所谓"合家照"。清官员严格依服制规定着装；命妇则穿着
同级的补服

凉帽是清朝官员的冠帽,配有帽纬、顶珠和羽
翎等饰物

暖帽是清朝官员冬季冠帽,帽上装饰与凉
帽同

2. 固守其旧为社稷

顺治元年（1644），一纸告示曾贴遍京城："凡投诚官吏军民，皆着剃发，衣冠悉遵本朝制度。"依服装来征服异族和维护统治的做法于中外历史中尚不多见。于是，京师内外皆行剃发易服，以示改朝换代。

清，是中国历史上最后的封建王朝。清代的冠服制度也是中国服装历史上最庞杂、最繁缛的服饰形制。

以满清官员的首服为例：官帽分凉帽和暖帽，暖帽分几种，帽檐有缎的，有呢的，有珠呢的，有皮毛的。帽子顶部缀红色缨珠为帽纬，居衷的帽檐是黑色，帽纬深紫色。凉帽与暖帽的帽上都有顶珠，用各色宝石制成，依品级而定宝石颜色。最贵的是红顶子，其次是蓝顶子，蓝顶又有明蓝、暗蓝之分，再次是水晶顶，又次是白石顶，又次是金顶，最次则是没有顶珠，没有顶珠，就是没有品级。顶珠下拖着孔雀毛，分蓝翎、花翎。花翎之中，分单眼、双眼、三眼花翎。最低的是蓝翎，大都是单眼的；双眼花翎，非王公大臣不能戴。三眼，就更稀少了，非皇帝赏赐不能戴。帽上还装有二寸长短翎管一支，质地为白玉、翡翠，借此安扦翎枝。帽子上的缨，是用红色丝线编成的；纬顶形如覆釜，其缨亦用红色，穿孝则用黑色雨缨，纬帽上有用白色或湖色熟罗为胎的，[5]亦有用黄花纱胎及竹丝乇纹胎的，就时令而定，等等。至于礼服、吉服、常服、行服等，《大清会典》中对各式人等的形制、用料、纹样、颜色有着极为详尽的规定，其服制文字简直就是一部最细致繁冗的典律。

清代服制基本终止了中原汉文化的冠冕服制，废弃了宽袖大袍的传统形制，以满族紧身窄袖的长袍马褂、适合于骑射的衣冠服饰取而代之。满清时，袍褂为主要礼服。窄袖长袍多开衩，官吏开两衩，皇族宗室开四衩，以开衩为贵。开衩之袍，又称"箭衣"，袖口装有箭袖，形似马蹄，俗称"马蹄袖"。清礼服无领，故另加有硬质领衣，俗称"牛舌头"。还有形似菱角、绣以纹彩的披肩，谓"披领"。清帝和百官着补服，又叫章服或公服，其缀有金线彩丝绣织成的图像"补子"，文官绣禽，武官绣兽。其他行头还有朝珠、腰带及腰间杂配之类的饰物等等。

有一个叫老尼克的法国人初到大清国，惊讶于中国社会上层男子各式各样的腰间服饰佩件，竟都是闲适生活的精致用品而非尚武侠士的利器：

5
纬帽，缀有朱纬的礼冠亦称纬帽。熟罗，指采用熟丝（脱去丝胶的蚕丝）织成的罗类织物，其质地采用绞纱组织，具有透气性好、结构稳定等优点。

左：华丽繁缛的清官宦的服饰粉饰不了这个齿落发稀的衰败王朝，图为庆亲王奕劻

右：官员们胸前缝缀着绣有不同兽、禽图案的方形补子，以示文武官官职和官位高低

清代的各种功用性佩饰——荷
包、香囊、护耳等

您看到的那些悬在腰间的挂件不是您所认为的武器。由一根珠链悬着的长针不是火器的通针，而只是牙剔；丝绸套子罩着的不是涂着毒药的波刃短剑，而是一把南京香布做的折扇；金线缝合的皮袋不是弹药盒，而是一种装着火石的打火机盒，全是用来点烟袋的；那个小袋装着的根本不是火药，而是烟丝。[6]

清初，清廷厉行剃发。

满人的习俗是男子多作髡发。最初满人的髡发是将大部分头发剃光，仅头顶留一绺头发，蓄作小辫，俗称"金钱鼠尾"，清初满人推行剃发留辫的发式即如此。

满洲贵族强迫汉人臣服的最重要手段就是强迫汉人男子剃发留辫，违者便遭杀戮。满贵族称："仍存明制，不随本朝制度者，杀无赦。"有《清朝野史大观》载："闻是时檄下各县，有留头不留发，留发不留头之语，令剃匠负担，巡行于市，见蓄发者执而剃之，稍一抵抗，即杀而悬其头于担

6
[法] 老尼克著，钱林森、
蔡宏宁译：《开放的中华：
一个番鬼在大清国》，山
东画报出版社 2004 年版，
第 15 页。

之竿上以示众。"当时，许多地方的民众为了头发血流成河，爆发了如江阴十日、嘉定三屠等事件。清以后的辫发样式逐步变化，头顶蓄发渐多，到清晚期男子头顶半剃半留，于额角（耳轮）引一直线，线之前的头发剃去，线之后的头发结辫垂于脑后。

对视发如命的汉民族来说，一把青丝不仅受之父母，为孝为道而不能毁伤，也是保持气节、忠于前朝的象征。如杨廷枢那样"砍头事小，剃发事大"，从容就义者有之；如王玉藻那样换道袍隐居，誓不易清装者有之；如方以智那样宁趋白刃，蔑取官职，最终髡首披僧衣者亦有之。在这一时期，民族矛盾在装束形式上竟是如此的尖锐，实为历史所罕见。

为缓和矛盾，清廷接纳了明朝遗臣金之俊的"十从十不从"建议，即"男从女不从，生从死不从，阳从阴不从，官从隶不从，老从少不从，儒从而释道不从，娼从而优伶不从，仕宦从而婚姻不从，国号从而官号不从，役税从而语言文字不从"。从此，妇、儒、隶、伶、婚、丧、僧、道等可不随满俗。

清代，是被西方诸国的炮火轰开大门而面对世界的朝代，正因为如此，世界其他民族对中国的认识似乎定格于此朝此代，男人的辫子、女人的小脚和清代具有的视觉形式，构成了世界对中国传统文化的误读，此大谬迄今难改。

中国人的辫子总让我觉得滑稽可笑。他们的辫子可是集千种用途于一身。我见过用人们用辫子掸家具上的灰尘，就像用鸡毛掸子一样，见过农民们用辫子抽打不肯向前走的公猪。有一次在一个叫作谢神节

《开放的中华：一个番鬼在大清国》插图
（奥古斯特·波尔杰作）

的月历节日里，人头攒动，我看见一个鲁莽的年轻人的辫子和两个广东市民缠在一起了！他们正开心地欣赏焰火，压根儿没有察觉。当人群散开，他们打算离开时，这个三人组合，他们对视的眼神，那情景简直太可笑了！[7]

然而，满清政府对其服饰制度却毫不含糊，坚守其旧，不容改易。两百余年来，大清子民背后拖着长辫，蹒跚着雅步，继续着千年未变的小农经济生活方式，全然不知在"中央大国"之外的番夷之国，已轰轰烈烈地进入了机器时代。

1868年，长辫褂袍的清朝官员首次出访英、法、德，随清使志刚出访的张德彝记载：所到之处，异国百姓"皆追随恐后，左右围观，至难动履"，"店前之男女拥看华人者，老幼约以千计。及入画铺，众皆先睹为快，冲入屋内几无隙地"。[8] 如此"盛况"，并非欧洲人的热情，而是争睹清人奇怪装束。1872年秋，中国第一批留美幼童抵达美国，美国人惊讶地望着蓄辫的中国孩子，难辨性别，叫道："Look！Chinese girls!（瞧，中国女孩！）"[9] 9月15日那天的《纽约时报》也报道了这则消息，同样把幼童们的性别弄错了。"昨天到达的三十位中国学生都非常年轻。他们都是优秀的、有才智的淑女和绅士，并且外表比从前到访美国的同胞更加整洁。"[10]

1905年，清政府曾派载泽、端方等五大臣出洋考察。遵照服制，出访的礼服必须是顶戴花翎、箭袖吉服袍。据说端方的衣衫在美国旧金山被宾馆旋转门所困，狼狈不堪。

清末直隶总督李鸿章会见日本驻华公使森有礼时有过一段关于服装的对话，颇耐人寻味：

李（鸿章）：我对贵国近年来做出的几乎一切成绩都深为佩服，但有一件事，即你们把古老的民族服装改成欧洲式样，敝人甚感不解。

森（有礼）：如阁下所见，我国旧有服装宽大爽快，极宜无事之人，对勤劳之人则不相宜，而于今日时势之下，更是如此。

李：服装是激起对祖先神圣回忆的事物之一，它体现对祖先遗志的追怀，后代应以崇敬的心情，万世保存才对。

7
[法] 老尼克著，钱林森、蔡宏宁译：《开放的中华：一个番鬼在大清国》，山东画报出版社2004年版，第83页。

8
张亦工、夏岱岱主编：《割掉辫子的中国》，中国青年出版社1997年版，第2页。

9
参见钱宁：《留学美国：一个时代的故事》，江苏文艺出版社1996年版，第19页。

10
钱钢、胡劲草：《留美幼童：中国最早的官派留学生》，文汇出版社2004年版，第67页。

身着冬季补服的清末官员，看得出他们为拍照而精心穿戴了全套行头

清代宫廷服装极尽繁丽，从太监所穿的朝服、马褂等便可见一斑

森：如果我们祖先尚存，他们无疑也会做我们全部做过的事。大约一千年前，他们发现贵国服装的优点，比原来穿着要好，不就改穿了中国服了吗？无论何事，善于学习他国长处，是我国的好传统……

李：阁下对贵国舍旧服，仿欧俗，抛弃独立精神而受欧洲支配，难道不感到羞愧吗？

森：毫无羞愧之感，我们还以这些变革为骄傲。

李：我国决不进行这样的变革。[11]

显然，对话的意义远超出了服装范畴。李鸿章的观点足以反映清廷固守其旧的心态。慈禧太后在庚子之乱后，既割地，又赔款，被迫同意"新政"，但唯独不肯改易服装，她在"西狩"途中还说："我支持造船，造机器，不就为了国家富强吗！可是变法不能得罪祖宗，像日本人那样更衣冠，改皇历，那是断不可行的！"[12]

颇有意味的是，清末政坛上出现的无论是改良派、保守派还是革命派，都对服装表现出异乎寻常的重视。改易服制，引发了一次次的政治冲突……作为"有意味的形式"，服装本身已承载了如此的政治重负。

毕生致力于政治改革的康有为，在其著名的改革方略《戊戌奏稿》中有《请断发易服改元折》，奏折里慷慨陈词：

11
1875年日本公使森有礼来京晤李，日本外务省记录了这次会晤。参见［美］费正清、刘广京：《剑桥中国晚清史》，中国社会科学出版社1993年版，第399页。

12
钱钢、胡劲草：《留美幼童：中国最早的官派留学生》，文汇出版社2004年版，第221页。

左：英国画家孟佩斯1907年访华时的油画写生，相当生动而准确地记录了平民的穿戴

右：因应男性的剃顶梳辫需求，清代出现挑担走街串巷的职业理发匠

这幅刊于法国画刊 *L' Illustration: Journal universel* 封面的清朝官员画像相当写实，像主是清驻法公使许景澄（秦风工作室 / fotoe 供）

L'ILLUSTRATION
JOURNAL UNIVERSEL

PRIX DU NUMÉRO : 75 CENTIMES
Collection mensuelle : 3 fr. — Volume semestriel : 18 fr.
Les demandes d'abonnement doivent être affranchies et accompagnées d'un mandat-poste ou d'une valeur à vue sur Paris au nom du Directeur-Gérant.

43ᵉ ANNÉE. — VOL. LXXXVI. — Nᵒ 2215.
SAMEDI 8 AOUT 1885
BUREAUX : 13, RUE ST-GEORGES, PARIS

PRIX D'ABONNEMENT
PARIS & DÉPARTEMENTS : 3 mois, 9 fr.; 6 mois, 18 fr.; un-an, 36 fr.
ÉTRANGER : Pour tous les pays faisant partie de l'Union postale :
3 mois, 11 francs ; 6 mois, 22 francs ; un an, 44 francs

SHU-KING-CHEN
AMBASSADEUR DE CHINE A PARIS
D'après la photographie de M. Walery.

今为机器之世，多机器则强，少机器则弱。辫发与机器不相容者也。且兵争之世，执戈跨马，辫尤不便，其势不能不去之……且垂辫既易污衣，而蓄发尤增多垢。衣污则不美，沐虽则卫生非宜，梳刮则费时甚多。若在外国，为外人指笑，儿童牵弄，既缘国弱，尤遭戏辱，斥为豚尾，出入不便，去之无损，留之反劳……且夫立国之得失，在乎治法，在乎人心，诚不在乎服制也。然以数千年一统儒缓之中国衰衣博带，长裾雅步，而施之万国竞争之世，亦犹佩玉鸣琚，以走趋救火也，诚非所宜矣。[13]

他甚至提议："皇上身先断发易服，诏天下同时断发，与民更始。今百官易服而朝，其小民一听其便。则举国尚武之风，跃跃欲振，更新之气，光彻大新。"[14]令人扼腕的是，康有为及其同伴于19世纪末，终未能完成断发易服与民更始的壮举，其易服理想和维新计划都随着变法运动的失败而夭折。剪辫易服之议成为忤逆犯上的言论，人们的着装再次与政治变革捆绑在了一起。

庚子之变以后，清廷推行所谓"新政"，谓"更法令，破旧习"等，在军警中准许穿着西式服饰，对民间的衣饰控制略有松动。

宣统元年（1909），留过洋的外交大臣伍廷芳再次奏请断发易服："朝廷明降谕旨，任官商士庶得截去长发，改易西装。与各国人民一律，俾免歧视。"朝廷为此"立案议会"，未有结果。翌年，清廷曾发文允民间自由剪发，实行者寥寥，可见大清子民真是木讷愚忠之至。面对一个完全不知民主为何物的百姓群体，有识之士们的努力反倒成为水中月、镜中花似的徒劳之举。

同年12月，当北京汉口的商界致函"发维天下局"，呼吁朝廷施行剪发易服时，朝廷却颁皇帝旨谕："国家制服，等秩分明，习用已久，从未轻易更张。除军服、警服因时制宜，业经各该衙门遵行外，所有政界、学界以及各种人等，均应恪遵定制，不得轻听浮言，致滋误会。"

外族入侵当前，子民唤醒在即，而行将就木的王朝却依旧把辫发衣冠之制视为维系其江山社稷之要紧。偌大的清王朝竟假不谙世事的五岁小皇帝溥仪之手颁发诏书，可叹可悲可怜！

13
康有为：《戊戌奏稿》，沈云龙主编《近代中国史料丛刊三编》第三十三辑，文海出版社1968年版，第136—137页。

14
同上书，第138页。

3. 洋货与洋风渐入

从西安返回的帝国宫廷对番夷洋风的态度似乎有了些许变化，那些曾被视为洋人"奇技淫巧"的物件开始登堂入室：1903 年，68 岁的太后喜欢上了洋人的照相术，对着那洋玩意儿扮个什么菩萨王母之类的，照完相让内务府装裱后送人，题上"大清国当今圣母皇太后万岁万岁万万岁"；1904年，英国人被允许到宫中放电影，那是专为太后祝寿而设的节目；另外，太后还有了一辆德国造的奔驰轿车。

曾经自以为是的中央大帝国，从 19 世纪开始被有着蛮夷之称的西方国家入侵、欺凌。一次次的割地赔款中，西方国家的军事技术、工业科学伴随着其政治理念、意识形态给中国以沉痛的冲击和深刻影响，国内洋务运动的兴起以及维新、反清等运动，这一切都为 20 世纪中国的社会变革埋下了伏笔。

从 19 世纪中后期开始，开埠及洋务的兴办，使城市生活逐步走向近代化。1900 年北京街头出现了路灯，虽然昏暗，却也照亮了景山前牌楼上的"弘佑天民"几个大字；1901 年在天津创立的济安自来水公司拥有当时国内最大的供水系统，国人将轻轻一拧龙头而流出的清水称为"自来水"；1902 年，一个美国人在北京前门福寿堂放映电影，令百姓惊诧莫名；1903年匈牙利人黎恒时带了两辆汽车到上海，报界谓之"上海出现四轮怪物"；天津最大的发电厂于 1906 年由比利时商人和中国政府合作建成；有轨电车于 1908 年 3 月出现在上海街头……

从西方输入的洋货和现代工业技术逐渐对中国的百姓生活产生直接的影响。像"自来水""洋火""洋油""洋车""洋布"等日渐成为人们日常生活中不可或缺的东西。照相机、电灯、电话、电扇、留声机等高档洋物开始在王公贵族的生活中出现。开埠的天津港有诗云：

> 百宝都从海舶来，玻璃大镜比门排。
> 荷兰琐袱西番锦，[15] 怪怪奇奇洋货街。
> 《津门百味》

15
荷兰琐袱指哔叽，西番锦
指印度绸。

1909 年清朝官员载洵、萨镇冰
等赴欧美考察海军时与洋人合影

工业文明带来的物质享受很快吸引住了还拖着长辫子的国人，生活的点点滴滴正悄悄地发生着"洋"化，包括衣料和装扮，也受到洋货和西风的影响。洋布洋纱的大量输入，使得土布和土纱受到致命的排挤。

对洋布的泛滥，老舍先生有过生动的描述："他（老王掌柜）喜爱这种土蓝布。可是，　来二去，这种布几乎找不到了。他得穿那唰唰乱响的竹布。乍一穿起这有声有色的竹布衫，连家犬带野狗都一致汪汪地向他抗议。后来，全北京的老少男女都穿起这种洋布，而且差不多把竹布衫视为便礼服，家犬、野狗才也逐渐习惯下来，不再乱叫了。"[16] 可见，这种进口的竹布已渗入到了北京市民的生活当中。

人们旧有的着装方式及意识渐渐松动。开埠城市在服饰上、礼仪上常有僭越的现象，这种服饰逾制表明清王朝的正统已经发生动摇，服饰的变革已经开始萌动。如王韬《瀛堧杂志》述上海风气："近来风俗日趋华靡，衣服潜侈，上下无别，而沪上尤甚。洋泾浜负贩之子，猝有厚获，即御狐貉，炫耀过市，真所谓'彼其之子，不称其服'也。"清末上海、天津等通商口岸的商埠、租界里华洋杂处，商人、买办、洋行职员在社会中占有重要地位，当时城市文化主要的特征便是洋化和世俗化的倾向。另外，那些有租界地的城市远离皇城，又有洋人的势力，恃洋无恐，随着清王朝气数将尽，许多地方的衣着发生着不可逆转的变化。

"东洋""西洋"的服饰随着洋人的进入和留学生的出去，开始对人们发生影响。一些洋务派人士、留学生、革命党人都剪去了被洋人嘲笑为"豚尾"的长辫，脱下了拖沓的长袍马褂，改着西式衣裤。1904 年的《大公报》有文章议，出洋留学拟"改装去辫"，以"便与西人来往"。不过这种议论有"易服改元，革命排满"之嫌，难被采纳。鲁迅的小说《阿 Q 正传》里钱老太爷的儿子留洋回来，剪去了辫子，穿了一身洋装回到未庄，却被未庄人鄙夷地称作"假洋鬼子"，为此他老婆还投了三回井。这一时期一些大胆女子也敢仿效西人穿"窄袖革履"的洋装或那种"长能覆足、袖仅容臂、形不掩臀"的窄瘦长袍，据说也是仿洋服而制。当时有人讥讽说：

新式衣裳夸有根，极长极窄太难论。

洋人着服图灵便，几见缠躬不可蹲。（《京华百二竹枝词》）

16
老舍：《正红旗下》，《老舍文集》第七卷，人民文学出版社 1995 年版，第 228 页。

68岁的西太后慈禧也热衷洋人的"奇技淫巧",她喜欢上了照相,于是奢华的清宫女装得到了形象的记录

太监们拖着西洋雪橇玩耍,清皇室在物质享受方面是很开放的。原载1900年法国画刊
L'Univers illustré(秦风工作室 / fotoe 供)

清末兴办学堂，引进西学，学生服装逐渐"洋"化

这张清末巡警教练的毕业照上，巡警已改换西式军服

　　另外，新军是最先普遍采用西式服装的群体。光绪三十一年（1905）奏定陆军新服制式，唯规定在大礼时仍需戴翎顶。陆军服制分军礼服、军常服，戴军帽。军服都用开襟式，有装袖和纽扣，戴黑色帽檐军帽，着皮靴或皮鞋，肩章用金丝辫、红丝辫以别等级……宣统元年又定海军章服、巡捕服等。最早采用西式军服的还有袁世凯编练的北洋军。1905年，清政府把北京的练勇改为巡警，其所穿警服均为西式警服，斜纹布，上衣下裤和皮鞋。长官们的制服上镶着铜星与金道，腰里则别着东洋刀，这种西化装束主要来自日本。

　　在跨入20世纪之时，中国的一切变化都在孕育着，但一切的变化都是那么的不易。

4.长袍马褂瓜皮帽

　　给西方人印象最深的清代形象是男人的发辫和官兵的三角形凉帽，这几乎构成了远东中国人的偏执形象。那个时期的西方书籍、杂志里中国男人的造型几乎都少不了凉帽和辫子。

　　男人剃光前额，将其余头发编成辫子置于身后。也有把辫子盘绕在头顶的，一般是方便干活，或夏季以图凉快。清末，革命党人鼓吹剪辫，有些人则把辫发盘在头顶权当剪发。

　　平常官吏、士庶所戴帽子主要是瓜皮小帽，又叫六合统一帽，民间俗称"瓜皮帽"。此帽倒是源自明朝，盛于清朝，通常由六块下宽上窄的黑色缎、纱制成。清末时帽顶呈瓜棱形圆顶，略近平顶形，下承以帽檐，顶上有黑色或红色结子。帽檐上通常镶嵌有真假明珠、宝石来区别帽之前后，又叫"帽正"。北方地区还有风帽，天津方言称作"观音斗（兜）"，因与泥塑或绘画中观音大士像所戴头巾相似而得名，有夹、棉、皮，缎子风帽则系富人所戴。此帽由左右两大片于当中缝缀成形，头部可遮至前额，两边有带，可系于额下，自此向后披于两肩及后背。戴时须有瓜皮帽套于内。中年商人则戴"将军盔"，是冬日防风御寒棉帽，形制大致与明清军官所戴皮帽相似，故得此名。再有一种是"毡帽"，多为农民及市井劳动者所戴。

　　清代男子常服的主要形制是长袍、马褂、马甲。

该男子所着的是缺襟马褂，该门襟又称"琵琶襟"，是独具旗人风格的行装（高建中供）

40

瓜皮帽是清代最常见的男帽

南方地区的香云纱马褂、长衫

北方地区的长袍马褂、云头双梁鞋

执纨扇、着长袍马褂的男子，案头座钟是时尚富有的标志

长袍马褂、马甲都是清代男子的主要礼仪服装

清末的一张汉人家庭合影，男依满俗长袍马褂，女随汉俗上衣下裳

长袍满汉皆着，略有不同。长袍系衣身长至脚面的外衣，窄袖衣身，多为男子常服及平民的出客礼服。民间吉服用绀色（天青色、深青色带红色），素服用青色。质料从纱的到皮的，多至数十种，仅纱料就有亮纱、暗纱之分，又依时序，分单的、夹的、棉的。到了皮毛类，又有小毛、大毛之分，从珠皮、银鼠、灰鼠、狐到名贵的海龙、玄狐、猞猁、紫羔不一。官员的长袍有箭袖，也有外装马蹄袖，以纽系在袖端，叫"龙吞口"。长袍袖身甚长，垂落下来完全遮住指尖。清官宦长袍多有开衩，若有不开衩的，是一般平民的服装，俗称"一裹圆"。长袍贵贱主要在于面料与做工。

清人于长袍外穿着马褂。马褂系满清特色服装，长不过腰，袖仅掩肘，袖口平齐宽大。因其衣短袖短便于骑马，由此而得名，多为有身份男子的礼服、常服，或为官员燕服（生活便服）。有对襟、大襟和缺襟之别，缺襟又称"琵琶襟"，是典型的满式衣襟样式。通常天青或元青色对襟马褂作礼服，大襟马褂为常服，两袖皆平。清初领、袖边多有镶滚，及至晚清镶滚渐消。有文学作品这样描写：

> 撩起轿帘，打里边走出一个老者：清瘦脸儿，灰白胡子，眉毛像谷穗长长地从两边耷拉下来；身穿一件扎眼的金黄团花袍子，宝蓝色贡缎马褂，帽翅上顶着一块碧绿的翡翠帽正，镶在带牙的金托子上。[17]

马甲，亦称"坎肩"或"背心"，男女皆着。马甲的门襟有大襟、对襟、琵琶襟和一种正胸前一排纽扣的一字襟马甲，扣十三粒，称"巴图鲁坎肩"，满语为勇士坎肩。有各种颜色，黑色、深色居多。马甲和其他衣服一样，有皮的、夹的和单的，单马甲的料子大都是麻织品和丝织品，也流行拷绸马甲。[18] 马甲初为满人内穿的服装，到清末成为普遍外穿的衣着，外穿马甲成为清末富家男女重要衣装，其镶边、滚边和刺绣甚为考究。

清代官服须挂朝珠，平时男子也有佩饰习俗。男人腰间挂各种饰件，饰件名目多样，常见的有荷包、扇套、牙剔、耳挖、眼镜盒套和佩玉等。荷包就有多种，质料、造型各不相同，名目也不一样。手帕也是一种既实用又可作为装饰的生活必需品，男人多用白绸或白布手帕，携带时藏于袖管之中。

富家子弟平时讲究穿一种介于红黄之间的"军机色"长袍，外罩镶有

17
冯骥才：《神鞭》，《冯骥才集》，海峡文艺出版社1986年版，第235页。

18
拷绸，俗称香云纱，亦称莨绸，是中国古老而传统的天然丝织物，绸面乌黑光滑，背面棕色，织物爽滑透凉。

铜纽的巴图鲁坎肩。头戴帽檐前低后高、插双貂尾的"耍帽"，腰挂侍卫袋——长杆大烟袋，足踏鞋头镶有云朵的夫子履。在近郊狩猎时，则换穿半肩军机短褂和双底薄式武备尖靴。每到夏日，则手执团扇，衣状元罗衫，配以香珠。

普通的劳动阶层则主要以便于劳作的长裤短褂为主，亦称"短打"。一般是白色的里衣、蓝色或灰色的外褂（大襟或对襟，无领或小立领），下穿布裤，一般在腰际扎上长长的布质腰带，在前或侧边系结。通常穿法是里衣白袖露将出来，天凉加上短坎肩，故而有里长外短的层叠效果。

鞋一般为厚底布鞋，北京俗称"千层底"布鞋，直脚，圆口，皂色。富家或官宦燕居则多穿镶嵌云头布鞋，鞋头用青、灰布做成如意头式，鞋帮上则以红、黄各色布镶拼。袜子有短长之分，多用粗白布手工制作，袜底用线缝纳而成，富家也有用丝缎制成，多由专职女工、裁缝铺或自家手工制作。到了清末，裤褂、鞋袜等皆可去店铺买现成的。

北方天气寒冷有扎腿习俗。旧时连裆裤比较肥大，里边不着内裤，故在踝骨部用布带将裤腿扎紧，这种布带（后为线带）津俗叫"腿带子"。腿带子有宽狭之分，末端有流苏垂于脚踝之处。

至清末，穿着西式或亦中亦西服装者渐多。

5. 满汉融合的女装

与男子不同，清初妇女因了"男从女不从"的规定，满汉两族妇女基本保持本民族服装形制。随着时间的推移，满汉妇女的服装样式、装饰及审美趣味也渐渐相近、相融，形成了清式服装。

满族妇女多穿本民族传统服装——长袍，亦称"旗装"。旗装衣袖较汉女装窄些，至清末旗装袖口平且宽大。领口、衣襟及袖端多有镶滚、刺绣、花边等，相当华丽。旗女通常在袍外穿马甲，主要是琵琶襟、大襟以及后期穿戴一字襟的巴图鲁坎肩等。女性所穿马甲面料色彩丰富，镶滚刺绣等装饰更多。

满族女装最有特色的是一"头"一"脚"。满族妇女头上时兴梳两把头，上饰扁方（满族女性头饰，又叫旗头），扁方上常用大朵绒花装饰，到晚清发展成高大的"大拉翅"。满族妇女天足，脚上穿花盆底鞋或马蹄底木质高底缎面绣花鞋。

清初汉族妇女起先仍沿用明末之旧，后经两百年的交融，清后期的汉女装早已脱离明朝的褙子、比甲[19]等形制，并吸收满族女装的一些元素，形成了具有清代特色的女装。清女装大多为上衣下裳（或下裤）式。上身穿的为袄子，从皮袄至夹袄，都称为袄，那单的纱的就称衫了。通常衫袄为右衽大襟，长至齐膝或膝下，衣袖非常宽博，左右开衩，衣"务尚宽博，袖广至一尺有余"。下身必穿裙子，所谓诗礼之家妇女从早到晚，务必着裙，否则是很失礼的。颜色以红为贵，而孀妇多穿黑裙。上中人家，多以丝织品为材料。裙子系在上衣内，裙前面无褶处，称作"马面"，可绣饰各种花鸟鱼虫祈福纹样。常见的百褶裙是沿袭明代风尚，到咸丰、同治间又兴起将裙褶幅用丝线交叉串联的"鱼鳞百褶裙"，风行甚久，很为妇女们喜爱。"凤尾如何久不闻，皮棉单夹弗纷纭。而今无论何时节，都着鱼鳞百褶裙"（《竹枝词》），说的便是这时的风尚。

清末妇女也喜着洒脚长裤，即裤口宽大的大裤筒裤子，腰间系扎色彩长汗巾，垂露衣外以为装饰。清代的衣饰审美日趋华丽繁缛，极近19世纪欧洲洛可可纤细富贵、繁琐艳丽的风格。无论是上衣还是长裤均有多重镶滚和精细刺绣，到清末衣缘越来越阔，花边镶滚愈滚愈多，从三镶三滚、五镶五滚甚至发展到所谓"十八镶滚"。清末妇女在衣饰上将汉满文化中的纹样、刺绣、镶滚等装饰技艺发展到极致。

半个世纪前，上海女作家张爱玲写过一篇精彩的散文《更衣记》。文章对服饰的描写十分精到，绘画天分极高的张爱玲还兴致盎然作了插图，使《更衣记》具有了服装史的价值。她以女性特有的直觉细致地描述了这一时期的女装，并持民国时髦女性的反封建观念给予抨击，颇具见地：

> 从17世纪中叶直到19世纪末，流行着极度宽大的衫裤，有一种四平八稳的沉着气象。领圈很低，有等于无。穿在外面的是"大袄"。在非正式的场合，宽了衣，便露出"中袄"。"中袄"里面有紧窄合身的"小袄"，上床也不脱去，多半是娇媚的桃红或水红。三件袄子之外又加着"云肩背心"，黑缎宽镶，盘着大云头。

19
褙子是宋明流行的女装，直领对襟、长袖，两侧开衩至腋下，形修长。比甲，明代女装，无袖、对襟、两侧开衩的长背心，穿在衫袄外。

一张 1909 年从青岛寄往欧洲的
明信片，记录了清末汉族女子和
儿童的装束

Chinesische Frau mit Kindern

清朝宫廷旗人的礼仪装扮，头戴"大拉翅"，极尽奢华繁缛

清代男女均流行着马甲。图示的马甲包括了各式门襟，有一字襟、对襟、大襟、琵琶襟

着衫裙的汉女子，其衣领趋高并挂上洋
怀表，属清末时尚

清官宦人家女眷头戴勒子，身穿宽博上衣，其"袖广至
一尺有余"，下着有丝绦花边装饰的马面裙

清末陕西地区的女子衣着

清末北方汉族妇女的袍裤装束

清佚名画家所作妇女画像精细地刻画了女装的繁缛装饰（中央美术学院藏）

以大量的女红刺绣为装饰是清末
女装的特点之一（作者收藏）

　　削肩、细腰、平胸，薄而小的标准美女在这一层层衣衫的重压下失踪了。她的本身是不存在的，不过是一个衣架子罢了。中国人不赞成太触目的女人。历史上记载的耸人听闻的美德——譬如说，一只胳膊被陌生男子拉了一把，便将它砍掉——虽然博得普通的赞叹，知识阶级对之总隐隐地觉得有点遗憾，因为一个女人不该吸引过度的注意；任是铁铮铮的名字，挂在千万人的嘴唇上，也在呼吸的水蒸气里生了锈。女人要想出众一点，连这样堂而皇之的途径都有人反对，何况奇装异服，自然那更是伤风败俗了。

　　出门时裤子上罩的裙子，其规律化更为彻底。通常都是黑色；逢着喜庆年节，太太穿红的，姨太太穿粉红。寡妇系黑裙，可是丈夫过世多年之后，如有公婆在堂，她可以穿湖色或雪青。裙上的细褶是女人的仪态最严格的试验。家教好的姑娘，莲步姗姗，百褶裙虽不至于纹丝不动，也只限于最轻微的摇颤。不惯穿裙的小家碧玉走起路来便予人以惊涛骇浪的印象。更为苛刻的是新娘的红裙，裙腰垂下一条条半寸来宽的飘带，带端系着铃。行动时只许有一点隐约的叮当，像远山上宝塔上的风铃。晚至1920年左右，比较潇洒自由的宽裙入时了，这一类的裙子才完全废除。

　　袄子有"三镶三滚""五镶五滚""七镶七滚"之别，镶滚之外，下摆与大襟上还闪烁着水钻盘的梅花、菊花。袖上另钉着名唤"阑干"的丝质花边，宽约七寸，挖空镂出福寿字样。

　　这里聚集了无数小小的有趣之点，这样不停地另生枝节，放恣，不讲理，在不相干的事物上浪费了精力，正是中国有闲阶级一贯的态度。惟有世上最清闲的国家里最闲的人，方才能够领略到这些细节的妙处。制造一百种相仿而不犯重的图案，固然需要艺术与时间；欣赏它，也同样地烦难。[20]

　　20世纪初，国内的民族矛盾日渐式微，满汉民族日趋融合，汉人满服、满人汉装已不鲜见。值得注意的是当时各通商口岸洋风渐入，剪辫易服呼声日隆，社会服饰风气即将面临一场嬗变。当时的上海变化最快，所谓"一衣一服，莫不矜奇斗巧，日出新裁。其间由朴素而趋于奢侈，固足证世风

20
张爱玲：《更衣记》，《流言》，浙江文艺出版社2002年版，第79—81页。

之日下，然亦有烦琐而趋于简便者，亦足见文化之日进也。衣由宽腰博带，变而为轻裙短袖，履由高低仄头，变而为薄底阔面……"[21] 这一时期青楼倡优、学堂女生的装扮亦能领潮流之先。20世纪初流行起一种高立领，领高至双耳，遮住脸腮，这种呈蚌壳式的衣领，又称元宝领或被人揶揄为"朝天马蹄袖"，不过当时人推测此领式是受泰西（旧时指西洋）女装衣领的影响，源自西洋的推测是可信的，这种领式到1910年代的民国初年流行更盛。清末有妇女"扮番装"的风气，但仅限在照相馆里穿一下，在镜头上摇身一变为"番妹"，穿上街的罕见。在上海等租界地也有偶见，但在内地是绝对不可行。

汉族妇女多梳头、盘髻，其样式多较为扁平、光洁，大体说来可以分为圆长两种，髻的部位一般都在脑后，也有梳在顶上或两鬓边的。髻的形式各有不同，有如意头、牡丹头、荷花头等，仕宦人家妇女，则留"元宝髻"，这是一种南方发饰。清晚期，高髻渐渐趋向长髻，以后流行"平三套""苏州橛""喜鹊尾"等。少女梳双丫髻，年轻女子留刘海覆在额上，形式有"平剪""燕尾垂丝"等，喜用鲜花或绢花插饰。未婚女子梳单辫子，已婚妇女梳髻，外罩硬纸糊黑绸缎做成的"纂"，四周围插各样小簪子。中老年妇女则常戴发箍或遮眉勒。老年妇人，多半在脑后把发结成圆形，中间用扁簪压住，髻上罩着一个硬纸或绸缎做的"冠子"。梳髻有专门佣工，约三四天一次，为了保护髻形不松散，要涂油、蜡和刨花水。平时髻发松乱了，也有用油、胶等物去抹拭的，叫"拉头"。为不伤髻底，睡眠要用硬枕具，

张爱玲为《更衣记》一文所作的插图，应该较为写实

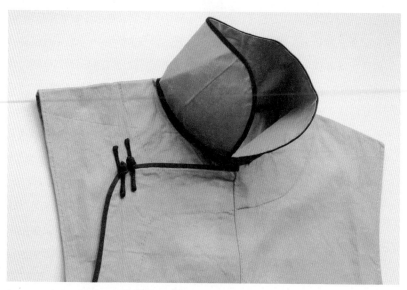

领高及腮，亦称"元宝领"（作者收藏）

汉女子穿三寸金莲，绣花精致秀丽，但女性受尽缠足之苦（作者收藏）

天津杨柳青年画中流行的"美人
图"刻画了当时的时髦打扮

有中国功夫的清末北方男女装扮

如"木墩儿""磁猫"等，这些是中国妇女的生活习俗。

清代妇女束腰带，大多束之于上衣内，用丝编辫而下垂流苏。光绪中叶以后，因裤外不再束裙，妇女多系考究的绸带，带端绣各种花纹垂于臀边，有的垂至腿边，带长及膝，露出一尺有余，也有将流苏缝在带端，走起路来袅娜飘逸。腰上佩带的饰物，有玲珑玉件，以及绫、纱做成的囊袋，内装兰麝异香。《津门小令》中云："津门好，囊袋剪青红。绫碎堆成花鸟细，纱轻穿就草虫工。佩玉缀玲珑。"可见囊袋做工的精美细腻。妇女手帕颜色不拘，出外随身携带，但常手持或串于襟上。

清代汉族妇女缠足，穿三寸金莲，即弓鞋。穿鞋很讲究，平时穿"梅花底"鞋，也有"杂剪绫帛作云幅勾连"的"云鞋"，闺中新妇则穿"踩堂鞋"。

清男童髡发、垂髫，在头侧、头顶或正中及两侧结纂，头顶小辫成小鬏状，有叫"朝天杵"，有叫"冲天炮"。日常穿红肚兜，红袄绿裤，或为孩子祈福的百家衣，脚穿老虎鞋，戴手镯、脚镯、长命锁等饰品。稍大则穿小号长袍马褂、剃发留辫，戴瓜皮小帽，与成年男子无异。

汉族女孩则大多是红袄绿裤或绿袄红裤，用带系扎腰部，扎辫，自小缠足。到清末，很多汉族少女也喜穿满族的长袍马甲，似乎与旗族少女无太大差异。

1908年的12月，又是一个寒冷的冬天，清帝国的最后一位皇帝登基，年号宣统。紫禁城的龙椅坐上了三岁男孩，他就是爱新觉罗·溥仪。尽管小皇帝穿着厚厚的明黄色龙袍，但肯定抵不过京城大殿里的寒气，加上繁琐的登基大典超出了孩子的忍耐力，小皇帝号啕大哭。满朝文武官员仍神情肃穆，虔诚地向这个啼哭不止的孩子三跪九叩，山呼万岁。

其实，这时的清王朝已是穷途末日，宣统登基后仅三年，大清的龙旗便被五色旗取代了。

1910年代

进入民国之后，女性服装渐趋简洁素雅（余金芬供）

第 二 章

1 9 1 0 年 代

皇帝的龙椅摇摇坠地,大清亡了,世道变了。对中国百姓来说,这是一个"乱世"。

可叹中国百姓从未接受过任何关于"民主""革命"的现代思想启蒙和影响,却在外忧内患的混乱当中,囫囵吞枣地接纳了一堆新名词:共和、宪政、总统、洋派、摩登……

宣统三年八月十九,即公元 1911 年 10 月 10 日,武昌爆发了武装起义。

起义的第二天,身穿新军军服的革命军把原清军第二十一混成协协统黎元洪从他的藏匿处拖出来参加革命。据传,就在当天他剪掉了辫子。另有一说,他是被起义士兵强制剪去的,这种说法意在否认黎元洪的主动革命。但是,无论哪种说法,都证明武昌起义后人们首先想到的就是割除具有愚忠意味的辫子。

那年冬天,也是清王朝苟延残喘的最后一个冬天。清军与革命军在汉口武昌隔江对峙,战争正在进行,南北政权派出的和议代表在上海见面。

耐人寻味的是，南方革命党谈判代表伍廷芳，身着中式长袍马褂；而清廷命官一品大员唐绍仪竟然不穿官服，剪了辫子，一身西式装扮：西装，领带，法式皮帽，呢制大衣。这位清末大员选择的着装方式也许暗喻了他的政治倾向，正如谈判当中他对伍廷芳所坦言的："我有共和的思想，可比你要早啊！"果不其然，以后的唐绍仪确实成为了民国政府的第一任总理。

翌年 2 月 12 日的紫禁城养心殿，隆裕太后以宣统皇帝的名义发布诏书宣布退位。那天外务大臣胡惟德等人接过诏书，没有照例下跪叩拜，而是用鞠躬方式向这个王朝告别。宣读完诏书，隆裕太后号啕大哭，她是真的十分伤心，哀叹这两百多年的大清帝国在她孤儿寡母的手中终结。或许她也听说了，那个被朝廷万般倚重的清廷总理大臣袁世凯在前一天晚上也剪掉了辫子。

这一年，龙旗换成了五色旗。

剪辫易服也已成为不可阻挡的历史潮流。

1912 年 10 月，新成立的民国政府颁布了《服制》法令，清代的朝褂翎顶一律废除，西式的服饰列入服制法令。新的服制标志着中国进入了新纪元。然而，不容乐观的是，一纸法令并不能马上更新这个有着两千多年历史的封建古国，新旧交替之际的服饰和政局一样，混混沌沌、前途未卜……

1. 新旧之间

民国元年（1912）4 月，著名的外交家顾维钧从美国回到北京，他是应袁世凯邀请出任总统府英文秘书的。他在回忆录里记下初到北京的印象："北京有些令人失望，大多数男人仍旧梳着长辫，报纸上皇历洋历并用……"

民国初期，新气象与旧风貌并存，新新旧旧交织一起，构成了一幅民初的奇特画面。新旧政治势力的较量也表现在新旧服饰的角力上。当时的一切似乎变得十分混乱，西服革履、军装皮靴、长袍马褂、袍褂翎顶和各种不中不西不伦不类的服饰同肩并行。

实际上，以后的十九年中，虽然奉的是民国正朔，而帝制色彩依旧存留，官僚化的程度似乎不逊于前清。除了国号加上共和之外，其实不过换

民国初年，遮眉勒子上的金属装
饰件也用了民国五色旗来装扮
（作者收藏）

了一班起于草泽的军阀与归自西洋的官僚而已。当时中国的改变还只是零散地发生在某些社会方面，如：北京的天安门对外开放；昔日的皇家花园变成了公园；鼓吹五族共和的报纸林林总总；还有电灯、自来水、洋学堂、洋布洋袜、电报电话等新鲜玩意儿。不可否认，这些东西正潜移默化地影响国民的生活和思维，但其根本却难以动摇。毕竟，历年久远的封建传统不会骤变，尤其是国民的守旧心理则更带有一种顽固性。

逊位后的溥仪仍居紫禁皇城，称孤道寡，宛如"国中之国"。中华民国虽然建立，但上至大总统，下至大小军阀，以及富商大贾，仍不忘大清皇恩，泱泱民国竟不时出现这样的怪现象：北京城内龙旗飞舞，袍褂翩翩，长辫摆动，顶翎耀眼；紫禁城门前车水马龙，真假遗老趋之若鹜；乾清宫的宝座前，清朝的玄色袍褂和民国的西式大礼服并肩出入，可谓"中西合璧"，光怪陆离。

民国初年还有两次复辟闹剧。袁世凯的洪宪帝制和张勋的拥溥仪复辟，每一次复辟的显著标志便是服饰的变化。末代皇帝溥仪在他的回忆录中记道：

民国元年间一度销声匿迹的王公大臣们，又穿戴起蟒袍补褂、红顶花翎，甚至于连顶马开路、从骑簇拥的仗列也有恢复起来的。神武门前和紫禁城中一时熙熙攘攘。在民国元年，这些人到紫禁城来大多数是穿着便衣，进城再换上朝服袍褂，从民国二年起，又敢于翎翎顶顶、袍袍褂褂地走在大街上了。[1]

年轻革命者的胜利成果被袁世凯等北洋军阀窃取。早期民国，除了皇帝退位、国号变更之外，一个偌大的中国，真正认同资产阶级民主革命者寥寥。所以，一般百姓的衣食生活似乎并没受到太大的触动，风俗、饮食仍续旧式，八旗贵族及其女眷们仍然穿着传统的"旗装"，即便官员、知识分子、商贾富户也以长袍马褂和马甲居多，劳动阶层依旧中式褂裤、瓜皮小帽和圆口布鞋。除了政府官员在盛大场合穿着西式礼服，以及洋行职员、留学生及社交人士为趋时髦穿着西式服装外，其他普通市民的衣着很少改变。

不过，民初最大的变化莫过于男人的剪辫和女人的放足。

2. 剪辫与放足之径

20世纪有两篇关于中国人辫子和小脚的精彩文字。一是鲁迅的杂文《头发的故事》，鲁迅通过描写N兄打理三千烦恼丝而表露出留辫、剪辫、装假辫的心路历程，感叹：

> 我不知道有多少中国人只因为这不痛不痒的头发而吃苦，受难，灭亡。[2]

二是当代作家冯骥才的中篇小说《三寸金莲》，书中列陈了中国女性缠足的历史渊源、社会文化及方式手段的考据，开篇即道：

> 大清入关时，下一道令，旗人不准裹脚，还要汉人放足。那阵子大清正凶，可凶也凶不过小脚。再说凶不凶，不看一时。到头来，汉

1
爱新觉罗·溥仪：《我的前半生》，群众出版社1964年版，第306页。

2
鲁迅：《头发的故事》，《鲁迅全集》第一卷，人民文学出版社1981年版，第462—463页。

人照裹不误……要不大清一亡，何止有哭有笑要死要活，缠了放放了缠，再缠再放再放再缠。那时候的人，真拿脚丫子比脑袋当事儿。[3]

确实，对当时绝大多数普通老百姓来说，民国初年革命、共和、改元之举直接的结果，莫过于家家户户的男人剪辫和女人放足。夺得政权的革命者们也首先革除的是承继满制的辫发和千年汉俗的缠足，这场从"头"到"脚"的革命，实际上也是革命者施行的民众教化。

辛亥易帜的重要标志就是剪辫。做了近三百年大清子民的中国男人再一次面对辫子存废的问题。

1912 年，中华民国临时政府在南京刚一成立，临时大总统孙中山就颁布剪辫通令，致电全国："令到之日，限二十日一律剪除净尽。"剪辫是革命者与清王朝决裂的第一步，对剪辫令的颁布，国民或欣喜，或惶恐。欣喜也好，惶恐也罢，脑后的那条辫子毫无疑问地成了革命的对象。1912 年北京的《亚细亚日报》《顺天时报》等就曾有过多次有关剪辫的报道："……阴历十六日晚夕内外城及青龙桥之海甸德外关厢马甸八里庄清真教之剪发者，据各路调查，共有七百四十余人。前门外大栅栏同仁堂药铺已阖铺剪发。万聚斋玉器铺全体剪发，其各商号阖铺剪发者不计其数……自载洵载涛剪发后，旗员中之剪发者日见其多……""昨日宣武门外法源寺驻扎之毅军将辫发全行剪去。当由长官带领全队军人光头游行街市，可谓文明举动矣。"[4]

剪辫被看作"革命"的象征，也是当年"文明"的时髦之举。不过在许多地方，剪辫仍需革命军拿着剪刀强行。有报载乡民遇大兵剪辫时的惊恐："有执辫子狂奔回乡，军队从后追赶者，更有乡人被迫跃入河为旁人救起，未遭淹毙……"

大清朝亡了，外边忽然闹起剪辫子，这势头来得极猛，就像当年清军入关，非得留辫子一样。不等傻二摸清其中虚实，一天，胖胖的赵小辫儿抱着脑袋跑进来。进门松开手，后脑袋的头发竟像鸡毛掸子那样乍开来。原来他在城门口叫一帮大兵按在地上，把他辫子剪去了。[5]

马骥才：《三寸金莲》，四川文艺出版社 1986 年版，第 1—2 页。

亚细亚日报》，1912 年 8 月 2 日 第 6 版，1912 年 7 月 25 日 第 6 版。

马骥才：《神鞭》，《冯骥才集》，海峡文艺出版社 1986 年版，第 279 页。

革命军在街头执行政府剪辫令

禁蓄髮辮條例（十七年五月公布）

第一條　各地方男子之蓄有髮辮者依本條例之規定禁制之

第二條　本條例由各省區國民政府督伤縣市政府執行之特別市由市政府執行之

第三條　本條例到達各地方後各該主管機關須廣為揭示并派員宣傳

第四條　凡蓄髮辮之男子須於本條例到達揭示後三個月內一律將髮辮剪除

第五條　逾前條期限仍未剪除者依左列各款行之

　　一、鄉村由主管機關督伤專員或該行村長會同警察剪除之
　　二、市由主管機關指派專員會同警察剪除之

第六條　抗拒前條之剪除者由各執行人員報由主管機關處以二元以上十元以下之罰金剪除之

前項罰金作為禁蓄髮辮公費之用由市縣政府每月將收支數目列表公告一次

第七條　各市縣政府應於每月終將剪除髮辮經過情形呈報民政廳彙核

第八條　各省政府及內政部備案特別市由市政府逕報內政部備案

第九條　各執行人員辦理執行不力或措置呈乖方者由該主管機關酌予懲戒其涉及刑事範圍者由該主管機關酌予懲戒并依刑事法規之規定

第十條　本條例自公布日施行

1928 年民国政府再度颁发的《禁蓄发辫条例》

　　不过，事实证明了革命党人的天真，封建的辫子绝非二十日内能剪尽。依恋辫子的仍大有人在，有人把辫子盘在头顶混迹于途。尤其前清宫室仍是辫子的集中地，1913 年，民国内务部曾和清室内务府联系，希望劝说遗老遗少剪掉辫子，未有结果。1917 年，"辫帅"张勋带着四千名辫子军开进北京复辟，一时北京城里假辫舞动，有民谣云："不剪辫子没法混，剪了辫子怕张勋"，但复辟闹剧很快草草收场。直到民国十年（1921），退了位的 16 岁皇帝溥仪自己用剪刀剪掉了辫子，宫中的遗老遗少们如丧考妣。当然，溥仪此举绝不是赞同共和革命。

　　为了彻底剪去辫子，民国政府一而再再而三地颁布剪辫政令。1912年《临时政府公报》29 号刊登《大总统令内务部晓示人民一律剪辫文》。1914 年 6 月，内务部再次发文《劝诫剪发规程六条》，规定官吏、士臣必须剪辫，因为当时参议院中仍有十余条顽固的辫子。直至 1928 年南京的民国政府又一次颁发《禁蓄发辫条例》，措辞更严厉，处罚也更加

民初时期中式着装仍是主流，这是北方殷实家庭的男女着装

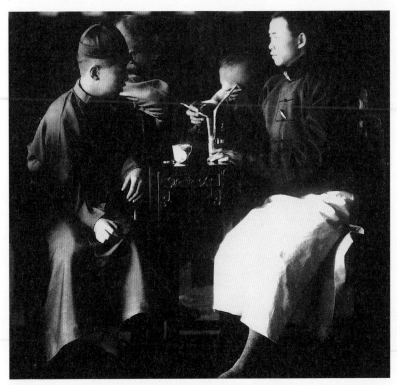

南方茶楼里，剪了辫子的民国公民饮茶抽水烟依旧，长衫马褂瓜皮帽依旧

社会变革的痕迹也反映在家庭合影男女衣着的差别上

相当多的中小城市和农村地区仍然延续着传统衣着（田鸣供）

具体。

俗话说，"小脚一双，眼泪一缸"，中国汉族女性长期受缠足习俗的折磨。然而，在相当长的时间里，中国男权社会对妇女的缠足安之若素，奉纤纤小脚为女性美的标准，好色之徒们更是以莲癖而自命风雅。满清政府也仅对旗女限制缠足，对汉人的这种陋习未予过多干涉。哲人黑格尔在对人类的毁形装饰行为作了极其深刻的分析后，提到了中国女性的小脚："一切装饰打扮的动机就在此，尽管它可以是很野蛮的，丑陋的，简直毁坏形体的，甚至很有害的，例如中国妇女缠足或是穿耳穿唇之类。"[6]

直到清末，围绕女性的缠足与放足已酿成社会上新旧观念的激烈斗争。1895年，康有为在广州成立《粤中不缠足会》，建立了第一个反对缠足的团体。1896年，公益天足社孟扬等上书呼吁："呜呼，我中国妇女何不幸而竟遭一番折骨断筋之浩劫哉……"戊戌变法时，维新者也提出劝禁缠足之请。到20世纪初，放足呼声日隆。1905年北洋高等女学堂创办，该校章程中提出，体操可治女子积弱固习，提倡天足女子入学。南开教育的奠基人严范孙曾编写《放足歌》：

> 五龄女子吞声哭，哭向床前问慈母。
> 母亲爱儿自孩提，如何缚儿如缚鸡。
> 儿足骨折儿心碎，昼不能行夜不寐。
> 邻家有女已放足，走向学堂去读书。[7]

1912年3月，孙中山就令内务部通饬各省劝禁缠足，令中说："当此除旧布新之际，此等恶俗，尤宜先事革除，以培国本。"1916年内务部又颁《内务部通咨各省劝禁妇女缠足文》：

> 查妇女缠足，环球所无，陋习相沿，久为诟病，夷考载籍，五季两宋之间，此风虽炽，不过乐户散坊，资为观美，而良贵胄，习尚仍殊，顾以禁令未严，遂至流为恶俗。习非胜是，举国靡然，微独于人道有伤，抑且开种弱之渐……

6
黑格尔：《美学》，商务印书馆1979年版，第39页。

7
严仁清：《严修编写〈放足歌〉》，《天津文史资料选辑》第二十五辑，天津人民出版社1983年版，第52页。

民国政府颁发的《禁止妇女缠足条例》

1928 年，南京民国政府再次发布《禁止妇女缠足条例》，令各地妇女缠足者务必解放之，并分别对十五岁以下，十五岁至三十岁和三十岁以上妇女做出不同的放足要求。民初，一方面"天足会""放足会"在各地活跃，呼吁放足；另一方面，女人们的脚也被缠缠放放，成了各式各样，故有各式关于脚的新名词，什么缠放足、复缠足、天足、假天足、半缠半放足等等。和男人的发辫一样，要根除这千年陋习真是困难重重。

值得注意的是，从 1912 年至 1928 年，民国政府就这一"头"一"脚"的法令措辞逐步升级，从"劝诫"到"禁令"便可见一斑，陋习如此难以割却，不能不令人惊愕。国人心理上的封建辫子和缠足意识远比想象的更为顽固。严复曾言道："尝谓中西事理其最不同而断乎不可合者，莫大于中

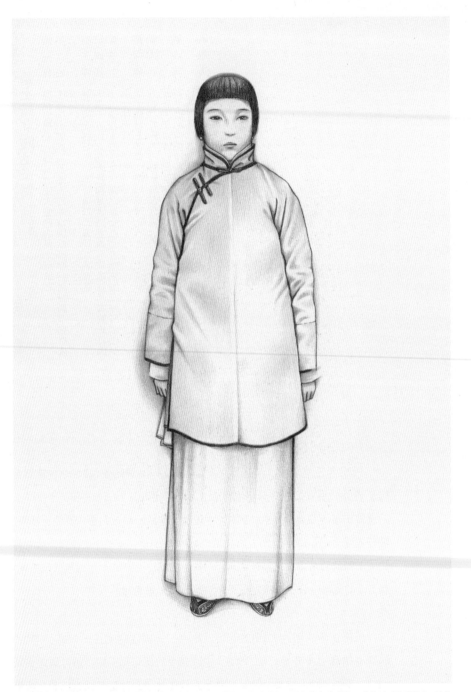

这一时期裙子较清末略短，衣裙装饰比清末有所减弱，镶滚、缘边减少，时兴窄条边装饰，扁的叫"韭菜边"，圆的是"灯果边"，也称"线香滚"（刘蓬作）

之好古而忽今。"以后的五四运动表明辛亥革命是一场远未完成的革命，新政权的建设者们要割除封建主义的"辫子"，远比赶走一个皇帝要困难得多。

民初最有名的辫子有两根：军阀张勋，人称辫帅；北京大学教授辜鸿铭。前者以留辫为标志，结集保守势力拥护复辟，是民初不识时务的保皇党。后者是学识渊博出入北大的文化怪杰，当他拖着那根灰白辫子走进教室遭到学生们的哂笑时，这位学贯中西的大学者却正色道：我固然脑后留有辫子，但你们的脑子里是否还留有辫子呢？（大意如此）此言既出，全场愕然。

辜鸿铭于1928年4月带着辫子离开人世。那年的9月，《申报》公布了一项在北京的调查结果，北京地区尚存男人辫子4689条。

3. 服制立法为先

与剪辫放足相比，民初的服制法令更具历史意义。

民初建国，仿效西方民主政体，在建立法制制度上体现出十分的果敢。尚处于激烈的政治角力和武装争斗中时，民国政府即毫不迟疑地颁发了一系列法令，其中除了极为重要的政令《中华民国临时约法》《修正中华民国临时政府组织大纲》等，还包括一批有关服饰礼仪的法令。尚在南京临时政府期间，临时大总统孙中山就签发了包括剪辫、放足在内的诸多法令；民国元年，迁到北京不久的民国临时政府和参议院颁发了第一个正式的服饰法令，即《服制》（民国元年10月3日）。该法令对民国男女正式礼服的样式、颜色、用料做出了具体的规定：

第一章　　男子礼服

第一条　　男子礼服。分为大礼服、常礼服二种。

第二条　　大礼服式如第一图。料用本国丝织品。色用黑。

第三条　　常礼服分二种。

一　　甲种式如第二图。料用本国丝织品，或棉织品，或麻线品。色用黑。

二　　乙种褂袍式如第三图。

第四条　　凡遇丧礼。应服第二、第三条礼服时，于左腕围以黑纱。

74

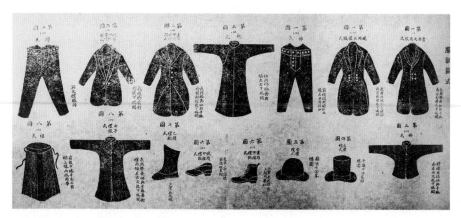

1912 年民国政府颁布《服制》条例的附图

第五条　男子礼帽。分为大礼帽、常礼帽二种。

一　大礼帽式如第四图。料用本国丝织品。色用黑。

二　常礼帽式如第五图。料用本国丝织品或毛织品。色用黑。

第六条　礼靴分二种。

一　甲种式如第六图。色用黑。服大礼服及甲种常礼服时均用之。

二　乙种式如第七图。色用黑。服乙种常礼服时用之。

第七条　学生军人警察法官及其他官吏之制服，有特别规定者，不适用本制。

第八条　凡公职者于应服礼服时，不适用第三条第二款及第六条第二款之规定。

第二章　女子礼服

第九条　女子礼服式如第八图。周身得加绣饰。

第十条　凡遇丧礼应服前条礼服时，于胸际缀以黑纱结。

第三章　附则

第十一条　关于大礼服常礼服之用料，如本国有相当之毛织品时，得适用之。

第十二条　本制自公布日施行。[8]

8
《服制》，《中华民国法令大全》，商务印书馆 1913年版。

在这个服制里，最显著的特点就是用西洋服饰作为礼服。尤其是大礼服的选择，基本上照搬了西洋服装，完全是英国绅士式，即欧洲燕尾服样式，头戴硬胎圆筒黑色礼帽，衣领系活动的折角硬领及黑色西裤。男子常礼服采用中西两式，即《服制》中所指的甲乙种：其中甲种西式常礼服又分昼夜两式，昼式礼服"长与膝齐，袖与手脉齐，前对襟，后下端开"，晚常礼服"长过胯，前对襟，后下端开叉"。两者都是西装式装束；乙种常礼服是中式长袍马褂再加西式礼帽。以此确立了民初那种中西麇集、西装革履与长袍马褂并行不悖的服饰风格。《服制》规定的女子礼服较简单："长与膝齐"的中式绣衣加褶裥裙。

完全西式的大礼服成了民国初年的特有标志。

在当时的政要活动中，爱德华风格的英式燕尾服、圆筒帽成为政界的独特景观，这种纯欧式服饰盛行于1910年代。1915年《礼拜六》第59期上的一篇文章描写道："语时闻履声橐橐，冠高冠、衣燕尾服者数十辈自远而至，盖是时参众两议院方成立，政争正剧，某政党假园中开谈话会也。"1918年《新申报》对徐世昌总统就职典礼的报道中，专门用粗一号的铅字强调新总统"着燕尾服佩戴勋章"云云。

1912—1919年，民国政府又颁布了十余项服制，如《陆军服制》（1912年10月23日）、《推事检查官律师书记官服制》（1913年1月6日）、《外交官领事官服制》（1913年1月10日）、《海军服制》（1913年1月18日）、《警察服制》（1913年5月15日）、《铁路职员服制规定》（1914年5月23日）、《改订陆军常礼服并增兵种颜色文》（1917年1月30日）、《矿业警察制服等级臂章令》（1919年4月4日）、《遵订祭祀冠服文》（1919年9月9日）等。

发人深省的是，民初服制的选样，基本上采用西洋服式为主。虽然，其中不乏亦中亦西、不中不西的组合，但这种将西式服饰"拿来"的举措无疑是大胆并具革命意义的。

4.亦破亦立，服饰教化

新政权文武官员换上新装，意味着满清帝国顶戴花翎的终结。改元易服，天经地义。中国历代统治者都把服饰纳入维护宗法社会制度的礼法规范之中，从周公开始，就把商代已经存在的服饰等级的差别加以制度化、系统化，使之健全为以血缘家族为基础的封建等级制度。中国历代的《舆服志》《礼仪志》，便是各朝各代服制的记载。服制是我国历朝立国的重要举措之一。

民国初年颁布的服制，其意义不仅仅是易服改元之举，而是在中国历史上第一次用法律的方式将西洋服饰直接地、自上而下地引入中国，并以此为社会政治变革的手段之一。可以这么说，民初的《服制》不只是一纸政令，更是一份革命檄文。

易服，意味着革命，意味着对新时代所取的态度。当时的上海、天津、北京、南京等城市的政界、知识界率先剪辫易服，商贾亦为之推波助澜，机敏的商家则抓住了改元易服这一商机。民国元年北京《大自由报》刊登此类广告：

> 易服者注意：启者民国共和告成，国民剪发易服，以壮我国气象一新。本主人有鉴于此，故由上海特聘高等裁剪名师，专做西式各种改良便服并各国维新便帽，无不完备。敝局非图渔利，实因鼓吹易服起见，凡士商各界请一试之，方知予言不谬。[9]

9
《大自由报》，1912年9月10日，第5版。

左图　民国初年的都市年轻人十分追慕西式装扮（黄宗江供）

右图　全套爱德华风格的欧式打扮是民初的官方礼服

除了西服外，军服是民初政坛的另一重要服饰。民国初期的北京政府由大批军人控制着政权，且当时的政治角力也往往是军事上的争斗，故军服也频频在民初政坛亮相。在《服制》颁布二十天后，民国政府又公布了《陆军服制》及《陆军官佐礼服制》。新式陆军制服全盘西化，或者说是吸收了日本式的西式军服的特征：以民国五色国旗作为"步、骑、炮、工、辎"五个兵种的标志色。服制对帽章、肩章、便服、外套、士官生服和讲究的军礼服做了详尽的规定，尤其将军的军礼服、军帽及配饰极为华丽，军礼帽的羽饰、绥带、流苏等颇为讲究。一篇回忆录较翔实地记载了当时的军礼服，那是1913年10月：

> 这时有戴全金线军盔、着蓝色制服、佩军刀的卫士三百二十名排队走入大殿，分两排站列……总统府秘书长梁士诒、秘书夏寿田，皆着燕尾服，侍从武官荫昌、军事处参议代理处长唐在礼，皆着钴蓝色军礼服，戴叠羽帽，佩参谋带。最后袁世凯乘着八大抬的彩轿到来，着陆海军大元帅礼服，礼服亦钴蓝色，金线装饰甚多。[10]

10
唐在礼：《辛亥革命以后的袁世凯》，杜春和等编《北洋军阀史料选辑》，中国社会科学出版社1981年版，第90页。

民国政府之所以选择现代洋服作为新时代的象征绝非偶然。社会文明的进步，必然要影响到社会成员的生活方式及衣饰行为。任何国家从农耕

模仿东洋的西式装扮

民初的外交礼服——全番欧化的装束

东洋式样的军服也是民初政坛的重要服饰

戎服是清末民初最早引入中国的西洋服装

文明步入工业文明都同样经历过服装革新，传统繁琐的长袍长裙必然让位于现代简洁的短装短裙。显而易见，快速高效的机器生产无法与"长裾雅步"相融，世界上任何民族在跨越农耕文明之时，不可能不对自己部分的传统说再见。

也许民初国会在制定洋服作为礼服时，对于此举给中国传统服饰带来的猛烈冲击和前所未有的改革意义始料未及。确立一种迥然不同于我国衣冠文化的燕尾服和圆筒礼帽成为民国的主要礼服，这不能不说是极为果敢的举措。此举绝不似中国传统的中庸之为，颇有点矫枉过正。在具有两千年封建传统的国度里，人们通常害怕变化，依赖习惯，更畏惧权威。而民初的服制，恰是运用革命的权威、法律的权威来实现社会变革，强制性地使国人接纳新的政体和现代文明。

在废除辫发满装以后，中国人该如何着装？当时的革命者虽说排满，但绝非复明。就此，鲁迅曾揶揄一番："恢复古制罢，自黄帝以至宋明的衣裳，一时实难以明白；学戏台上的装束罢，蟒袍玉带，粉底皂靴，坐了摩托车吃番菜，实在也不免有些滑稽。"[11]在当时，西式服饰正是历史的选择，因华夏服饰未能自觉步入工业时代，成形于农耕文明的服饰形态让位于先入工业文明的西方服装也是理所当然。何况革命党人正是以法国大革命、美国独立战争为榜样，以西方民主政体为摹本，因此，民初服式的西化正是历史的必然。

5. 舶来洋装与长袍马褂

清帝国的臣民一向对西人的装扮十分鄙夷。清人林则徐初到澳门，对洋人的衣饰大惑不解："惜夷服太觉不类，男人浑身包裹紧密，短褐长腿，如演剧扮作狐、兔等兽之形。妇女头发或分梳两道，或三道，皆无高髻。衣则上而露胸，下而重裙……真夷俗也。""夷俗"恰是国人对洋服的贬斥。不料，此"夷俗"伴随着其工业科技文明的进入，亦深深影响了这个刚刚被唤醒的古老国度。

史料记载，中国人制作、穿着西装是自大城市开埠后开始的。1864年上海虹口区百老汇一带，有人摆摊销售进口呢绒，为西服的发展创造了物

11
鲁迅：《洋服的没落》，《鲁迅全集》第五卷，人民文学出版社1981年版，第455页。

质条件。1880年广州创设信孚成记西服店；1896年上海第一家西服店——和昌西服店在四川北路开张；1903年王才运在上海南京路开设荣昌祥西服号；1905年宁波人李来义在苏州开设李顺昌西服号：这些是西服业在中国的肇始。西服的裁剪缝制工艺也由来华洋人带入，如长期生活在天津的白俄——

> ……在小白楼一带有不少白俄开设的鞋帽店、服装店，以及洗染房、理发馆等。亚历山得拉太太在今曲阜道开设了一个亚历山得拉帽店，雇用中国女工和童工，专门制作女帽，兼制乳罩。巴甫兰阔兄弟在今解放南路经营波拉帽店，专售各种男、女帽。……服装店有甘努尼阔娃太太在今马场道开设的时式女服店，来自哈尔滨的海伦·耶律米娜太太在旧德租界二十四号路（今广东路）美国大院内开了一家服装店，专做各种女服，还做结婚礼服和长纱，并替教会做祭衣。[12]

来华洋人把地道的洋装手艺以及番菜（西餐）、罗宋面包、掼奶油等带入了中国市民生活。

民国早期西式服装则被官方正式认定并开始普及，当时男子采用的主要西式服装有：

12
杜立昆：《白俄在天津》，《天津文史资料选辑》第九辑，天津人民出版社1980年版，第172—173页。

从圆筒帽、西装、西裤、大衣到皮鞋，民国初年推行全套西化服装

双排扣西装、领结和白色裤子，
是十分洋派的民初时髦

82

幼时曾留美的詹天佑,以通身欧
美装扮留影

长袍马褂和西装革履在民国初年和平共处，并行不悖

　　大礼服，民国初年流行的正式社交礼服。正式礼服为燕尾服，黑色。领型为尖角驳领，下领片饰以缎面料子，长裤的边缝线嵌有缎面条饰。配有白衬衫、背心、黑领结、白手套及黑色高筒礼帽和黑色漆皮皮鞋。

　　西装是民国男子半正式礼服，翻驳领，左胸开袋，衣身左右开袋，有单排或双排纽扣，一般为一粒或两粒纽，与背心、西裤成三件套西装。面料以毛呢为主，服色以黑色、深蓝色或白色居多。

　　学生服是来自日本的一种改良西式服装，通常为立领，有三个暗袋七个纽扣；也有一个口袋、五个或六个纽扣的不等，通常为黑色、深色或浅灰色等。

　　西式大衣，有西装翻领、装袖、开襟，衣长及膝。西式衬衫，翻领、装袖和前开襟的上衣，胸前有贴袋，袖端有克夫（cuff，西式衬衫袖口）。西式长裤，合体挺括，多用毛呢及棉织布制成。毛衣，亦称绒线衫，随羊毛毛线的输入始兴，有手工编结和机械编结之分。

京师译学馆的学生齐齐地戴上了民国流行的新式小圆帽

　　"辛亥革命后，国内穿西服的人逐渐增多，中华民国将西服列为礼服之一。1919 年随着国产缝纫机的问世，我国的服装生产由手工缝制逐步转向机械缝制。当时，由于新文化运动的兴起，西服成为新文化的象征，冲击着传统的中式长袍、马褂，中国的西服业迅速发展。……1930 年仅上海一地就有大小西服店四百二十余家（大部分都附设工场），从业人员三千余人。同年，上海成立西服业同业公会。"[13] 到 40 年代，上海的西服店和女士洋装店（时装店）已达千余家。

　　当时西服业的经营方式多样，以亦工亦商为主，前店后厂（场），产销一体。

　　民国时期各行各业的商人有明显的帮派之分，其中宁波帮在西服行业占有重要一席。其所经营的西服裁缝业被俗称"红帮裁缝"，因宁波人称西洋人为"红毛人"，为红毛人做衣服，故称之谓"红帮"。

13
中国近代纺织史编委会：《中国近代纺织史》下卷，中国纺织出版社 1997 年版，第 173 页。

留学日本的学生带动了日式学生
装、学生帽的流行（黄宗江供）

从事这个行业者，多鄞县南乡人和奉化人，乡谊观念极深，以手艺
精良，在天津西服中占有很大优势，先后发展到七八十家之多，分设于
各国租界内。职工人数，最多达到二百五十余人。其中规模较大者，有：
复兴祥、张兴茂、马源昌、王珍记、王元记、周立昌、何庆昌、周和
昌等家。还有专做铁路局生意者，有孙理长、方锦昌、聚新长三家。[14]

西服毕竟是新生事物，社会民众对改易西式服装仍有着诸多的迷茫。
因而，为何改装易服、如何改装易服等诸如此类的话题，成为新闻界、知
识界于政治话题外又一关注的热点。报纸、杂志开辟专栏，专门讨论改装
易服的问题；民众对西服的搭配、穿法不甚了了，误穿误配常有发生。故
此，民国初年也有一些西服启蒙之类的指导书出版，如1912年上海文明书
局出版吴稚晖所撰的《改装必读》，指出剪辫易服之必须并详述西式服装的

14
张章翔：《在天津的"宁
波帮"》，《天津文史资料
选辑》第二十七辑，天津
人民出版社1984年版，
第83页。

正确穿法与搭配，指出："时人所讥为不中不西，即指华衣西帽，或华衣西靴，或华袍西裤而言……正为甚适当之自由，吾人不必惊怪。"1913 年又有《易服新书》出版，曰："将西人之礼节及禁忌择其紧要者大略说明。"天津国货售品所印行的《西装服饰礼俗考》说："剪发日盛，而洋服各种，必须极力研究，以供买主之购用，惟凡　事必有一事之讲究，若即易洋服，而不得洋服各件用法之当，将为外人所讪笑……"；等等。

随后，各种缝纫教科书、家政教科书纷纷出版，如《新缝纫》《缝纫教科书》《衣服论》等，介绍西方裁剪方法及机器缝纫技术。西式裁衣制衣技术还被编入当时女子学校及师范学校的教材，从此缝纫女红不再是家庭或师傅的口传身授，而成为近代学校教育的一部分。

早期民国西服虽兴，但仍以穿长袍马褂者为多。更适合中国人传统习惯的长袍马褂仍用作大众礼服，故与西装革履并行不悖。

知识界对西服的态度也是见仁见智的，尤其在五四新文化运动以后，西装引发了思想意识方面很大的争论，人们一方面激烈反对旧传统，要求改变象征旧礼教的着装，另一方面，西方列强的霸道也令人不能不"恨屋及乌"。不少留洋归来的学者仍不改袍褂的装束，像陈寅恪、王国维、鲁迅、林语堂等。

有着长期留学欧美经历的林语堂写过数篇措辞激烈的文章抨击"西装不合人性"，讥讽穿西装者的趋从：

> 满口英语，中文说得不通的人必西装，或是外国骗得洋博士，羽毛未丰，念了三两本文学批评，到处横冲直撞，谈文学，盯女人者，亦必西装……再一类便是月薪百元的书记，未得差事的留学生，不得志之小政客等。华侨子弟，党部青年，寓公子侄，暴富商贾及剃头师父等又为一类，其穿西装心理虽各有不同，总不外趋俗两字而已，如乡下妇女好镶金齿一般见识，但决说不上什么理由。[15]

另外，北京政权随着各系势力的消长而更迭，军阀们穿着各色军装成为北京政坛一景，也形成当时的时尚。北方地区气候寒冷，斗篷甚为流行。斗篷又叫"一口钟"，历来为北方人民所喜穿，既能御风防寒，又穿脱方便，

15
林语堂：《论西装》，林恒、袁元编《讲穿》，海南出版社 2000 年版，第 66 页

带兵的军官尤喜穿着；民间富家女子也喜着斗篷，多由毛皮、哔叽、绸缎等制作。

6.中西莫辨，伦类难分

其实，民国最初几年，剪了辫子的国人不知所措，换了皮面未换瓤，穿了新鞋走老路。那年头以服装上的"亦中亦西""不伦不类"来诠释民初政局，亦如出一辙。

就拿剪辫来说，虽说剪辫已成为历史趋势、时代潮流，但不剪辫的人也不在少数，且大街上出现了各种不伦不类的服饰怪现象：有的穿西服，拖长辫，或下身则是绑腿裤；有的穿长袍，戴西式洋帽；有的穿着东交民巷买来的旧西服，搭配上缺这少那的。民国元年的《北京新报》有这样的报道：

> 日前报子街，聚贤堂门口，见有一人，身穿新式短装，头戴新式圆帽，看那样子，很是文明。即至望身后一看，这条豚尾还是又长又黑，摇头摆尾，洋洋得意，路上看的人，没有不乐他的，您看有多么不伦不类。[16]

还有，某少年身穿"湖色夹袄，青缎坎肩，上绣白汉瓦的花样，头戴西式洋帽，脑后则拖着一条又黑又亮的大辫子，擦着一脸粉硝，因为脸太黑，露出一层白霜儿来，打扮不男不女的"。[17]其不中不洋、亦中亦西的打扮让人啼笑皆非。《大公报》称："西装东装汉装满装，应有尽有，庞杂至不可名状。"[18]

至于剪发者更是千奇百怪："有剃成光葫芦秃子的，就有留成八字头的，在此两种之外，又有把辫子剪去多一半，还剩下四五寸的，用绳儿把辫梢扎住，又往前一拉。"[19]有的披肩，有的齐耳，叫"一匹瓦"，或"鸦雀巢"，还有的梳小辫儿，真个是五光十色、光怪陆离。

然而，在这种种光怪陆离现象的背后，恰是两种文明、两种文化的猛烈碰撞。

林语堂对西服偏见颇深，但丝毫不影响他对这一文明碰撞现象进行十分理性的思考：

16
《北京新报》，1912年第299号，第4版。

17
《北京新报》，1912年第174号，第4版。

18
《大公报》，1912年9月8日。

19
《北京新报》，1912年第384号，第1版。

中西合璧的穿戴在民国初年十分自然

撇开其他不谈，西方文明毕竟也是一种观念体系，而观念的力量远胜于军舰。当欧洲的军舰进攻天津大沽炮台、1900年八国联军耀武扬威地走在北平街头的同时，西方的观念也正从根本上猛烈震撼着这个王朝的社会结构和文化结构。一如其他的文化变革时期，起领先带头作用的是知识分子。值得称道的是，中国这样一个古老的文明之邦，在接受西方的工业成就之前，先去接受了西方的文化遗产。这种文化观念的引进是如此重要，使得皇朝与文明面临灭顶之灾。……从此，西方的知识、思想和文学的渗入，逐渐成为一种坚强有力、不可间断而又潜移默化的过程。十年之内，由于西方政治观念的引进，皇朝宣告覆灭，共和国宣告成立。[20]

尽管这个共和国没有成就为一种稳固的政府形式，却催生了一个崭新的、进步的、与前朝有着迥异价值观念的文明。这时的中国对从西方零散地、偶然地或混乱地传入的东西，均予以热烈欢迎。

不可否认，在追随西方文明的过程里，有理性的认识，也有盲目的崇拜，甚至对西洋偏执的狂热和愚崇。西式服装被称为"文明装"，是所谓新式人物必不可少的装束，似乎"愈是新人物，愈用外国货"。一些带"洋"字头的似乎都是先进、尊荣的标志，从洋枪、洋炮、洋车、洋房，到洋烟、

20
林语堂：《中国人》，浙江人民出版社1988年版，第312页。

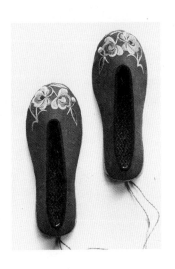

放足的大红绣花女鞋（作者收藏）

洋火、洋油、洋菜，甚至洋人的戏叫"文明戏"，洋人的手杖也尊称"文明棍"。更有甚者，逊帝溥仪偏执一极，事事崇洋。在溥仪眼里，外国人的东西，一切都是好的，中国的丝绸不如外国的毛呢，中国的毛笔不如外国的自来水钢笔。用洋家具，穿洋装，揣洋怀表，戴洋别针、领带等，如此崇洋的大清逊帝恰是对封建帝制的极大讽刺。

7. 摒弃流风遗俗

　　1917年12月，在美国获得博士学位的胡适穿着西装回到安徽绩溪老家。这位洋翰林此次回家省亲是为了完婚，迎娶的是奉母亲之命早就聘定的一个小脚女子。在美国留学期间，胡适已有情投意合的人，出于传统的忠孝观，他在不得已之下做出了放弃爱情的选择。在现实当中，即便新文化运动的领袖人物，面对数千年的传统，同样也是痛苦的、沉重的和难为的。

　　新文化运动始于何时？1917年，蔡元培出任北京大学校长可为一种界定。那是1月4日的一个大雪天，这位新任校长向前来迎接他的北大普通校工——鞠躬行礼，如此平等亲善的举动意味深长。从此，北大在蔡先生的领导下，开启了中国一个空前绝后的现代大学教育时期。在这之前和之后，陈独秀、胡适等人也以文学和文字为突破口，倡新摒旧，为新文化运动奠

几位天真无邪的民国孩子穿着传统的衣衫，梳着摩登的发式（黄宗江供）

民初最主要的男子礼服是长袍马褂（袁信之供）

冯友兰（中）1912—1915 年在中州公学，长袍马褂是此时知识分子最普遍的穿着

虽然身着长袍马褂，发型却是西式的（黄宗江供）

民初最普遍的穿着还是中式长袍
长衫（黄宗江供）

定了基础。这场迟到的资产阶级思想启蒙运动，对中国的未来起到了难以
估量的重要作用。随后1919年的五四运动，进一步唤醒了沉睡的民族激
情。当时在巴黎的中国外交官顾维钧，虽身着华丽的欧式外交礼服，但拒
绝在《巴黎和约》上签字。中国人开始认真思考"科学"与"民主"的真谛了。

　　民初的那些日子里，有太多的政治冲突、军阀混战和意识形态的较量，
服装的变化显得如此不重要，只是以其特有的方式反映着这纷争的社会
状态。

　　当时，作用于服装的主要因素是传统与政治。

　　回国后的胡适也换上了中装，这倒并不意味他对封建传统的妥协，而
是国情所致，那时穿西装、学生装的毕竟是少数。普通百姓最普遍穿着的
是中装长袍、马褂，以为礼服。长袍，大襟右衽，长至踝上二寸，两侧下
摆开一尺左右长衩；马褂一般为黑色丝麻棉织品，对襟长袖，衣长至腹，
纽扣五粒，此时已无身份等级限制。但平常更多的是穿长袍、马甲，马甲
则以锦缎为贵，长袍一般为蓝色或灰色，可棉、可夹、可单，夏天长衫多

无领，冬袍则有高敞领，长袍内穿西式裤子与皮鞋或中式灯笼裤与布鞋。五四时期的男性知识青年大都穿素色长衫或学生装，加长围巾，成为当时新文化运动以来新青年的典型装束。

这一时期的农民、手工匠人以及各种小商小贩还是习惯于穿上衣下裤，其打扮与清末时相差无几。上衣一般为大襟右衽或对襟，谓褂、衫或袄，腰上系不系带均可；裤子为缅裆裤（中式裤子，北方称"缅裆裤"，南方称"满裆裤"），裤脚束口，有的还在外边穿一条套裤，裤腰、臀围肥阔，"短打"装扮。衣、裤一般都为灰色、蓝色或蓝灰色之类。鞋、帽无太大变化，瓜皮小帽、千层底布鞋或双梁布鞋仍是各阶层所喜穿戴之物。

民初女性服饰也在迅速地发生变化，借助共和革命之力，开始了简化。

女装由清末的上袄下裤演化为上袄下裙为主流，衣服更加称身适体，上衣腰身收得较窄小，大襟右衽，袖长七分，袖口呈喇叭状，又称"倒大袖"；腰臀呈曲线，下摆有弧形、圆角、直角等，张爱玲称：

> 时装上也显现出空前的天真，轻快，愉悦。"喇叭管袖子"飘飘欲仙，露出一大截玉腕。短袄腰部极为紧小。……短袄的下摆忽而圆，忽而尖，忽而六角形。[21]

21
张爱玲：《更衣记》，《流言》，浙江文艺出版社2002年版，第83页。

1919 年制的戏婴图深腹盖罐上彩绘的五色旗与人物表现了民初的时尚风情：高领斜襟袄裙装束是当时的时髦女装

民初女子的衣裙已经摒弃繁缛装饰（Paul Chapron 供）

女装普遍变得简约，领子却愈来愈高（李克瑜供）

南方官宦人家女眷的典型服饰及刘海、发髻，女孩们则梳长辫

林徽因（右一）1916年身穿学生装的留影

女学生和年轻妇女受进步思潮影响，服装趋于短窄，袖式为"倒大袖"，下摆呈弧形，配以短裙，不施绣文（刘蓬作）

民初的女装趋简约、称身，衣袖是喇叭状的"倒大袖"，衣下摆呈圆弧形（作者收藏）

女装的装饰日趋简单，简化了镶滚、缘边等装饰工艺（作者收藏）

董竹君的第一张留影（1914 年），
窄身元宝领衣裤，梳剪刀式刘海，
甚是俏丽（董国瑛供）

　　裙子也较清末略短，有改变马面裙的褶裥做法，任面料自然下垂；衣裙衣裤装饰比清末减弱，镶滚、缘边减少，不再"十八镶滚"；袖口边的"阑干"或阔滚条不见了，换成窄条边装饰，扁的叫"韭菜边"，圆的是"灯果边"，也称"线香滚"。用料多为丝质品和棉质品，尤其盛行爱国布、文明纱等。富家女眷多用丝质品，普通人家则多用蓝白棉布。有人将中式袄衫加上西式翻领，也不失为对中西合璧新时装的一种尝试。

　　女学生和年轻妇女受当时日本女装的影响较明显，高领衣衫狭窄修长，与黑色长裙相配，袄裙均不施绣文。不穿耳裹足，不戴首饰，不涂脂抹粉，谓"文明新装"。若加上一副椭圆的小蓝眼镜，穿一双尖皮鞋，则是最时髦的装扮。尤其女子学堂的兴起，当时女校通常仿西方的教育模式，学生通常来自于开明富有的家庭。女校服的新颖素雅开一代现代女装风气之先。1910年代后，女学生装束遂成了以后十余年的时尚，有文载："自女学堂大兴，而女学生无不淡妆雅服，洗尽铅华……北里亦效之。故女子服饰，初由北里而传至良家，后则由良家而传至北里。"

　　有必要提及的是，清末出现了由青楼伶优取代士绅贵妇引领时尚潮流，良家随之效仿，当时报章称："上海青楼中人之衣饰，岁易新式，靓妆倩服，悉随时尚。……至光宣间，则更奇诡万状，衣之长及腰而已。身若束薪，袖短露肘，益欲以标新领异，取悦于狎客耳。而风尚所趋，良家妇女无不尤而效之。未几，且及于内地矣。又有戴西式之猎帽，披西式之大衣者，皆泰西男子所服者也。"青楼中有继续清末的窄身高元宝领样式的，也有穿着西式男装的。生于1900年的董竹君，十四岁被抵押入青楼卖唱，入照相馆拍了有生以来的第一张照片，照片上身穿元宝领窄衣裤的她在回忆录中道：

　　　　我戴上自己最喜欢的一对碧绿色的翠玉耳环，穿一身当时最时髦的黑纱透花夹衣裤（蚌壳式的领子，窄窄的裤脚，大开气的下摆），紧脚的黑缎鞋口上打着一个花结。将头发梳成最时兴的刘海剪刀式，辫根上扎着鲜红的粗丝线绳。手腕子上又戴了一对水金花式的金镯子……[22]

不过，大多数女性对服饰的改易是审慎的、缓慢的，甚至是保守的。

22 董竹君：《我的一个世纪》，生活·读书·新知三联书店1997年版，第28页。

这张摄于南京贡院的照片，记录
了民初女子依旧"三绺梳头，两
截穿衣"（高建中供）

清末的女装样式依旧是主流。满族女性基本保持清末样式——齐脚宽松满装、丝质绣花马甲、两把头、木质高底缎面绣花鞋。此时的旗袍仍保持宽大、平直、衣长及足的特点，尤其是袖子极为宽大且各种镶滚刺绣仍较多。但因革命成功，社会上排满情绪激烈，满族妇女有些改穿汉服，即袄裤、袄裙等，但那时的汉满衣着界线已十分模糊。

一般汉族妇女仍为清末样式的上衣下裤，或上衣下裙，上衣一般长至膝或臀下，右开襟，左右下摆开衩，高立领，元宝领依旧流行，裙长至脚背，衣裤（裙）装饰趋少。年龄大的女性仍头戴勒子，手绢、扇子为主要饰品，头上还有插鲜花或绒花为装饰的。

民国建国前后女子发式的变化不大。不同于以往的是，此时盛行挽髻于前额顶，或如螺，或似鬟，均用色彩艳丽的丝带或缎带系扎、装饰，脑后头发齐项。还有的挽低髻于脑后，垂于肩，前额或留一排厚厚的齐整刘海，或光洁无一丝头发。年轻女孩则在脑后垂一根长辫，在头顶插花为饰。另外还有一种燕尾（或剪刀）式的刘海此时也极为时兴。少女则一般留有浓密整齐的刘海，又叫"一字式"，妇人通常不留刘海，前期也曾流行过日本传来的大和髻。

鞋则有双梁鞋、挖云鞋等，多为缎质木底或软底，冬天穿毛窝（棉鞋），一般有蓝、黑紫或石青等色。此时的鞋有缠足鞋（弓鞋）和天足鞋，均为平底，手工绣花是其主要装饰。1910年代后期，富裕家庭的妇女开始时兴穿西式高跟鞋。

1919年5月4日，是一个星期天。当时的《晨报》这样报道震惊中外的五四运动："记者驱车赴中央公园游览，至天安门，见有大队学生，个个手持白旗，颁布传单，群众环集如堵。"那一年好像特别地冷，大学生们都穿着长衫，一般为灰色、蓝色，十分朴素，有的还戴着围巾。五四运动的策动者罗家伦在以后的回忆录中，提到当年北京学生联合会主席段锡朋的打扮，"北大学生，很少有知道他的。他总是穿一件蓝竹布大衫，扇一把大折扇"。参加运动的还有一批女学生，她们穿着浅蓝色圆摆小袄和黑色素裙，蹬着白色布袜和黑色布鞋，朴素雅致。当年，年轻大学生们的装束不失为杂乱混沌年代里的一股清新空气。

1920年代

一个受到新思想影响的传统家庭，服饰上新旧并存（田鸣供）

第 三 章

1 9 2 0 年 代

这是个风云变幻的年代。

"军阀来来去去,马蹄后飞沙走石,跟着他们自己的官员、政府、法律,跌跌绊绊赶上去的时装,也同样地千变万化。"[1]张爱玲如是说。

一个新旧更替的混沌年代,不管是政治局势还是服饰装扮,概莫能外。

1921年5月,孙中山到广州就任非常大总统,阅兵时他穿着一身十分繁缛的大元帅服。据说,他那时正在探寻一种中国式的现代制服。

1924年,冯玉祥将军挥师进京,发动政变,史称北京事变。11月5日,紫禁城的平静被急促的脚步声踏破,北京警备司令鹿钟麟奉冯玉祥之命,将最后的满清皇帝溥仪驱逐出皇宫。身穿军装的鹿钟麟问溥仪:"今后你是还打算做皇帝,还是当个平民?"长袍马褂穿戴的溥仪喏喏答道:"我愿意从今天起就当个平民。"[2]民国后遗留十三年的小朝廷宣告结束,已经剪掉辫子的逊帝戴着瓜皮帽和小墨镜,凄凄切切地离开了紫禁城。前清的遗老遗少们四散逃逸,满族人改装易服,大板头也绝迹于北京街头。

同年,任陆海军大元帅的孙中山应冯玉祥电邀北上,从广州到上海,

1
张爱玲:《更衣记》,《流言》,浙江文艺出版社2002年版,第83页。

2
参见爱新觉罗·溥仪:《我的前半生》,群众出版社1964年版,第169页。

继而经天津赴北京。一路上，他常穿一种新式的服装出席诸多场合：八字形翻立领，四个贴袋，七粒明扣，那就是以后因他而命名的"中山装"。

1920 年代出现的中山装和旗袍可说是现代中国最重要的服装样式，经过岁月的荡涤，这两款服装得到国内外一致认可，被视为现代中国具有国服意味的男女服装。乱世为创新提供了机会，乱世为变革制造了可能。1929 年，定都南京的民国政府再颁《服制条例》，燕尾服被废除。

1. 旧的不去，新的不来

动荡、混乱、分裂、流血的年代，为思想意识的转折与升华，为反对封建传统、提倡新文化新思想，提供了一个绝佳的机会。

历史上的中国人，从来没有如此激烈地对本民族的思想文化传统进行过批判与自省。从国外涌入的各种社会思潮和艺术流派，无论美国的、英国的、法国的、俄国的，还是古希腊罗马的、文艺复兴的，都受到热烈欢迎；民主主义、民族主义、民粹主义、无政府主义、马克思主义、改良主义，都可以畅所欲言。五四新文化运动涉及意识形态各领域，从政治、哲学、教育、艺术到生活方式，其社会深度和广度可与中国历史上先秦或魏晋南北朝时期的争鸣相媲美。

清末新政和民国变革极大地促进了中国报刊业的繁荣。这些报刊在鼓吹民主共和政治、传播新文化新思想、解放思想禁锢的同时，对人们的生活方式、穿着习惯、审美趣味也产生了重要影响。民初的改装易服，妇女的剪发放足，无不通过报纸、杂志进行宣传，在民众中起到了启蒙和教化作用。

尤其是 20 年代以来，民国的各种画报、文艺杂志以及报纸副刊以文字、照片、时装绘画、广告、漫画等形式介绍西洋服饰文化及有关信息，也对某些服饰现象展开讨论。譬如关于妇女的剪发，1920 年的《妇女杂志》进行过连篇累牍的论战，形成了被社会广泛关注的舆论辩场。通过媒体进行生活方式及思想观念的公开讨论，产生很显著的社会效应。媒体的传播性、权威性促使人们迅速地改变传统观念，欣然接受新生事物或外来事物。[3]

1926 年创办于上海的《良友》画报是一份以艺术与娱乐为主业的杂志，

3 除《良友》画报、《妇女杂志》外，上海环球社的《图画日报》侧重对京沪两地的妇女服饰包括青楼服饰的介绍；上海《真相画报》是集政治与艺术、生活于一身的刊物，记录当时政治事件的同时也展示时新的服饰发式；天津《国闻周报》的"海上新装"栏目每期介绍上海最新服饰，涉及衣服、首饰、发型、鞋帽等；北京《玲珑报》《图画世界》和天津的《北洋画报》等，都是深受人们喜爱的生活艺术刊物。

20 年代初期的旗袍还是保留了旗袍的初始特征：宽肥、平直，"严冷方正"如张爱玲所说；不过长度略有缩短，一般到腓部（刘蓬作）

倒大袖的袄裙装扮一直延续到 20 年代，摄于浙江平湖（余金芬供）

民初中国大部分地区服饰依旧沿袭清末样式,摄于上海高桥(袁信之供)

旧式家庭仍保持着传统穿着(徐广亨供)

蒋介石身穿北伐时期军服,此时军服与中山装颇为近似,其前妻陈洁如身着圆下摆倒大袖的袄及素色裙,1926年摄于广东黄埔军校

其引
明星。
后成
魅力'

事实
出惊

水的
西见
呀。'

现在
服装

跟鞋
之快
刊征
样等
尚望

化习
后期
束胸
的身
一次
产生
以后
中号
无疑

4
刘海粟在 1920 年聘女模特陈晓君为上海美专写生的人体模特,遭江苏省教育会禁止。1925 年刘海粟写信公开申辩,但当时上海市议员、商会骂刘"禽兽不如",上海县长危道丰遂下令禁止人体写生。此举激怒了刘海粟,于是刘在报章上给当时五省联军统帅孙传芳写信,引发了二人关于模特的笔战。

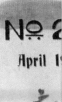

《良友》画报等媒

1926年,《良友》画报报道了美国的选美，还刊出了西方裸体雕塑。该刊第30期（1928年）刊登了一组中国模特的背面裸照，还有画家万籁鸣的人体绘画广告。第40期（1929年）和第51期（1930年）甚至都用了整版刊登裸女照，并撰文谈人体摄影，称"健康的身体是美的首要原则"云云。而中国千年绘画史上，只有在隐秘私藏的春宫画里才有女性胴体的描绘，且绝不能展现于公开场合，尤其是大雅之堂。到了20年代的杂志里，裸体女像和中外领袖、电影明星同处篇首篇尾而相安无事。这种破天荒的改变标志着社会审美进入了一个全新时代。

2. 政治理想催生中山装

中山装，在现今中国人的衣生活里已是耳熟能详的服装样式，有了近一个世纪的历史。它是民国以来最重要的男装，也是最具政治色彩的服装样式，伴随着政治历史的起伏跌宕而呈现在各个历史时期。

顾名思义，民主革命先行者孙中山是中山装的倡导者。20年代以后，国民政府在中山装上附会了相当的政治涵义，如秉承国父遗志、将革命进行到底等。有意思的是，政见相左的国共两大党先后都将中山装作为出席正式场合的男性礼服。

中山装的起始时间、源于何种服装、最初的制作者、样式上的发展变化，

孙中山留有不少穿学生装的照片。1918年摄于上海

1923年孙中山与宋庆龄在广州，这时的孙中山身着中山装

1924年孙中山身穿中山装在上海

孙中山在上海香山路寓所身穿中山装

都是服装史学关注的内容。

根据史料照片来判断，1914 年之前孙中山先生多穿西装，之后又频频穿着学生装。他的多幅标准照都是穿着立领浅色学生装，而当时的政界要员与其革命同仁穿着学生装者为鲜见，故有"先生喜服学生装"之说。因此在 20 年代之前，孙中山主要穿着西服、学生装和长衫。关于中山装，所谓 1905 年孙中山请日本华侨张氏"同义昌呢绒洋服店"创制之说，似乎不确。[5] 在其早年的照片中并没有出现以后那样的中山装，只有学生装样式，其样式是小立领，胸前挖袋，无袋盖。

现存最早的一张孙中山穿中山装的照片拍摄于他在广东谋划北伐时期。可以推断，中山装样式出现于 1922 年左右；而"中山装"名称的出现应当是在 1924 年以后。

1924 年北京政变后，冯玉祥电邀孙中山北上，共商国是。孙中山于 12 月 31 日抵京，受到各界人士的热烈欢迎，掀起了一股政治高潮，他的威望和知名度达到了前所未有的高度。在此以后，以他的名字来命名他常穿的服装应为顺理成章。根据这个时期的照片，除极少数国民党要员偶有穿着外，难觅中山装踪影。早期中山装的穿着范围锁定于政界官员，且一般是三民主义的追随者。当时的市民、职员等人更习惯穿着中式长衫或西装、学生装。民众对改革新装的接受尚需推广引导的时间和过程。南京民国档案馆存有当年呼吁改革服制的提案，如 1927 年 6 月周文亮《呈请改革服制以重观瞻》文：

> 应废除胡服方足以表示青天白日旗下自由之民，文亮伏查中山服为先总理所创之服制，式既美观，尤便工作，若由钧府通令全国人民一律改着中山服，换言之，即以中山服为常服也，如此固足以纪念我伟大之革命领袖……

该档案资料可以证明 20 年代末中山装尚在推介之中。1927 年 4 月南京国民政府初立，政治中心南移，民众呼吁改易服制，推广中山装，但未获官方首肯。

1928 年 12 月，张学良在东北宣布易帜。随后，他首次穿上中山装，

5
参见季学源、陈万丰编《红帮服装史》，宁波出版社 2003 年版，第 27，57 页

当时有"先生喜服学生装"之说，
身穿学生装的孙中山在上海

宣誓就任东北边防总司令，《北洋画报》即时刊登了少帅身着深黄色中山装
的照片。张学良选择了这样显著的服装形象符号，表明其追随三民主义之
心昭然。

　　1929 年，南京国民政府颁布了新的《服制条例》，规定男子礼服为袍、
褂，废除燕尾服，定学生服为男制服。但中山装的制服地位尚不明朗，不过，
这期间的国民党部曾发出《党员服装宜用国货案》，意在呼吁党员服用国货，
其所谓国货也包括中山装。1930 年 2 月，外交部条约委员会的周纬递呈名
为《行政革新数事》的提案，其中所谓"正服色"部分曰：

　　　　请明令政府机关及学校人员，职无大小，一律改着中山服装。理
　　由如下：(1) 遵从总理遗训；(2) 淘汰旧服以新气象，避免洋装以推
　　经济；(3) 整齐划一；(4) 便于体育；(5) 引导民众 (中山装价廉易职制，
　　虽贫民亦易仿着)。

　　中山装的真正普及是在 30 年代。到 1936 年的《修正服制条例草案》，中山装被明确并强调作为男公务员"制服"，自此中山装便渐渐推广开来。

　　不可否认，中山装的出现和普及与政治领袖的倡导、政治形势的变化密不可分。同样不可否认的是，中山装的服装样式外观轮廓周正，结构合理，线条分明，功能性强，具有严肃、庄重、朴实的美感，既合乎国民的传统审美习惯，也恰当地结合了国际现代服装的审美形式与工艺。其整体造型体现了民主、平等、革新、进步等社会理想和大众愿望，不受地区、年龄、社会阶层、地位的限制，因而获得了来自广大民众心悦诚服的赞赏和接受。

　　中山装究竟来源于何种服装，社会上流传着不同的说法。

　　一种说法是，中山装是基于学生装而加以改良的服装。1926 年的《良友画报》曾刊登孙中山的照片并介绍说："先生喜服学生服，今人咸称为中山装。"[6] 另一说法："民国初期，浙江奉化人在上海开设的亨利西服店（一说为荣昌祥西服号）为孙中山改制一套军服，后定名为中山装。"[7] 也有说大约在 1920 年前后，孙中山由日本带回一件当时日本陆军士官服，要求上海"荣昌祥呢绒西服号"老板王才运（又说王财荣）在此基础上稍做改革。那么，中山装究竟是由学生服还是军服改制而来？它与学生服、军服究竟有哪些区别？许多未成定论，尚待进一步考据。

　　据分析，中山装与学生服的确有很多地方相似：上衣都是关闭式立领，前开襟，纽扣呈直线排列。而源自学生服说法的根据是，清末民初留日高潮迭起，由此从日本带入了学生制服样式。且孙中山在相当多的时间穿着学生装，由学生装发展出中山装的说法不无道理。不过，民国初年的军服大多受日式军服影响，其形制大多立领、贴袋、倒笔架式袋盖，都与以后的中山装相似。中山装在初创时面料色为军黄色，为孙中山先生阅兵所服，故源自军服的说法也是可信的。

　　还有一种说法，称中山装源自英国的猎装。1929 年 5 月《北洋画报》有一则小文：

　　　　昨晤自南来某要人，为述民党制服之起源，始恍然于所谓代表三民五权等说，均属牵强误会，某之言曰："昔先总理在粤就大元帅职后，一日，拟检阅军队，欲服元帅装，则嫌其过于隆重不适于时，西服亦

6
《良友》，孙中山先生纪念特刊，1926 年 11 月，第 16 页。

7
参见中国近代纺织史编委会：《中国近代纺织史》下卷，中国纺织出版社 1997 年版，第 173 页。

无当意者，正检阅行箧中，得旧日在大不列颠时所御猎服，颇觉其适宜，于是服之出，其后百官乃仿而制之，称之曰中山装，至今式样已略有变更，非复先总理初时所服者矣。"云云。[8]

文中的某要人随侍孙中山多年，其说当不虚。根据20年代的早期中山装分析，这种说法确也可信。英国猎装是英国殖民时期盛行的一种实用性很强的服装，上下四个口袋用来装子弹，故有袋盖的褶裥式口袋，后背有腰带背缝，与早期的中山装的袋形和后背十分相似。不过发展成型后的中山装与英国猎装已不尽相同。

综合以上几种说法，最初的策划者或设计者是要创制一种庄重的服装样式，集礼仪与日常穿着功能于一体，又是符合民族审美习惯的现代服装，主要用于政治社交等正规场合，以取代民初服制令中的中、西礼服。中山装的样式，恰是综合了以上几种服装的特点，兼具有猎装、戎装的英武和学生装的儒雅。以后的中山装逐步摆脱了早期的痕迹，脱胎成为了世界范围内认同的中式现代男装。

中山装形制基本确立于20年代后期。其主要特征为：由底领和翻领构成领子，是领角呈八字形的立领；上下有四个加袋盖贴袋，胸袋盖呈倒山字笔架形，称为"笔架盖"，下边两个谓吊袋，即袋边沿活口的口袋，俗称"老虎袋"（袋边沿有伸展活口的口袋），四个口袋都以纽扣扣合；前门襟五粒明扣（最初七粒），袖口上各有三粒扣子。以后的南京国民政府将中山装列为正式服装，并有将中山装的四个口袋喻为"礼、义、廉、耻"、胸前五粒纽扣喻为"五权分立"、袖口的三粒纽扣喻为"三民主义"之说。在这种产生于特殊时期的特殊服装上，附会了中国社会改革的政治理想。

中山装样式从初始到完成经过了一定的改变。最初为七粒纽扣；胸前为褶裥袋，有袋盖；立领；背有背缝，后背中腰处有腰带；夏用白色，其他季节用黑色。[9] 从资料上来看，最初的中山服究竟有几个纽扣、多少口袋，是明袋还是暗袋，均无准确记录。不过，也有人认为早期中山装是关闭式立领，而非后来的底领与翻领相结合的八字形领，这种说法似乎将孙中山早年穿的学生服误定为早期中山装。根据图片资料可以肯定，1928年流行

8
妙观：《中山装之起源》，
《北洋画报》第7卷第318
期，1929年5月14日，第
2版。

9
参见黄能馥、陈娟娟：《中
国服装史》，中国旅游出
版社1995年版，第385页。

的中山装已经是底领与翻领结合的八字形关门领，五纽四袋，后背无背缝，中腰无腰带，中山装基本定型。

至于中山装的最早设计者也有不同说法。一说："孙中山先生亲自创导的中山服，就是在尊重我国广大劳动人民穿短衣长裤的习惯的基础上，指示奉帮裁缝、洋服商人黄隆生吸收南洋华侨中流行的'企领文装'为上衣的基样而设计的。"[10] 另一说是：1912年孙中山先生授意洋服商人李荣生设计制作一种具有中国特色的制服，这就是中山装；还有"荣昌祥号"的王才运设计中山装之说，等等。

据此，基本上可以确定中山装是某奉帮裁缝在孙中山的授意下设计制作出来的。

3. "女人穿上了长袍"

"1921年，女人穿上了长袍。"[11] 张爱玲在她的《更衣记》中十分明确地确定了旗袍出现的时间。

于1921年出生的她当然不可能亲眼看到这一年的女人们穿上旗袍的情形，但出身富有，且对于女人的穿着打扮特别留意的她，结合了儿时的记忆与为写作而做的考据，能够做出这样明确的判断，想来也是顺理成章的。再者，她的判断与服装史学专家周锡保的说法也基本吻合。周锡保认为，旗袍"在民初汉族妇女着者还不多，到20年代中期始，逐渐流行起来；以后就渐为一种普遍的服式；到30年代40年代间已不论老小都改着这种旗袍，逐渐取代上衣下裙的形式"。又说"大抵自民十年以后才逐渐流行起来"，但"着者不多"。[12] 据另一本专著《中国历代服饰》认为，旗袍在20年代初开始普及，到30年代则已经盛行。"20年代初，旗袍开始普及。其样式与清末旗装没有多少差别。但不久，袖口逐渐缩小，滚边也不如从前那样宽阔。至20年代末，因受欧美服装影响，旗袍的式样也有了明显改变，如缩短长度、收紧腰身等等。"[13]

查阅上海新民图书馆兄弟公司出版发行的《解放画报》，其中1921年第7期中有一幅讽刺画便是《旗袍的来历和时髦》："辛丑（辛亥笔误。——著者注）革命，排满很烈，满洲妇人因为性命关系，大都改穿汉服，此种

10 参见黄能馥、陈娟娟：《中国服装史》，中国旅游出版社1995年版，第385页。

11 张爱玲：《更衣记》，《流言》，浙江文艺出版社2002年版，第84页。

12 周锡保：《中国古代服饰史》，中国戏剧出版社1984年版，第534—535页。

13 周汛、高春明：《中国历代服饰》，学林出版社1984年版，第306页。

汉族女子穿旗袍始于 20 年代，最初的样式与清末旗装十分相似（黄宗江供）

20 年代穿倒大袖旗袍的宋庆龄　　　旗袍开始普及，初期旗袍宽大，与男子长袍
　　　　　　　　　　　　　　　　　近似（杨士琦供）

废物，久已无人过问。不料上海妇女，现在大制旗袍，什么用意，实在解释不出。……近日某某二公司减价期内，来来往往的妇女，都穿着五光十色的旗袍，后说若不确，我又不懂上海那来这些遗老眷属呢？"这则描绘世象的小文应该不会有年代上的偏误。

　　1924 年《先施公司二十五周年纪念册》也提到："十年（1921 年）春……女界旗袍自北而流行于南。"[14]

　　1924 年，张恨水在北京《世界晚报》上发表了小说《春明外史》，其中的女性人物都以穿旗袍为时髦，其中有坤伶、妓女、太太、小姐、女学生等。他描写当时的旗袍有长有短，有奢华有素雅。如第四十四回中写余瑞香新做了一件白纺绸旗袍，很是得意，因为"她的周身滚边，有两三寸宽。又不是丝辫，乃是请湘绣店里，用清水丝线，绣了一百只青蝴蝶"。

14
屈半农等：《二十五年来中国各大都会妆饰谈》，《先施公司二十五周年纪念册》，香港商务印书馆1924 年版，第308 页。

民国以后的汉人妇女竟然穿起了旗袍，倒是出乎反清革命者的意料之外。

清末，满汉合流之际，汉人妇女也有仿效旗人女子穿袍的，这种宽博长大的旗装，大多出于保暖、易穿脱等实用的需求。辛亥首义后，迫于汉民族的排满情绪，也有一些满族妇女改穿汉服。民初时期，两族妇女的穿戴基本上是互不干扰，相安无事。亲清势力强盛的北京，上层旗女的服装一直没有太大的改变。

民国女性之所以在这个时候选择旗袍，目前最多的解释是与女权有关。既然男子穿袍，追求平等进步的女子也选择穿袍，似乎袍服作为符号被赋予了与男子平起平坐的意义。甚至有人认为，民国女子最早的旗袍就是完整的男式长袍，或者是男子长袍女性化的改良形式。

美国人玛里琳·霍恩（Marrillyn Horn）说了类似的道理："在那些保持妇女从属于男子的文化中，认可的服装样式在几代人中相袭不变，有时甚至是几个世纪。但是，当妇女拒绝接受这种无足轻重的地位，开始寻求和男子一样的平等身份时，就会发现妇女服饰的风格的迅速变化。"[15]

此种说辞在张爱玲那里能得到更具体的证实：

五族共和以后，全国女子突然一致采用旗袍，倒不是为了效忠于满清，提倡复辟运动，而是因为女子蓄意要模仿男子。在中国，自古

15
［美］玛里琳·霍恩著，乐竞泓等译：《服饰：人的第二皮肤》，上海人民出版社1991年版，第136页。

"1921年，女人穿上了长袍"的插图（张爱玲作）

以来女人的代名词是"三绺梳头，两截穿衣"。一截穿衣与两截穿衣是很细微的区别，似乎没有什么不公平之处，可是 1920 年的女人很容易地就多了心。她们初受西方文化的熏陶，醉心于男女平权之说，可是四周的实际情形与理想相差太远了，羞愤之下，她们排斥女性化的一切，恨不得将女人的根性斩尽杀绝。因此初兴的旗袍是严冷方正的，具有清教徒的风格。[16]

既然称之为"旗袍"，那就不能不与旗女装有关。民初妇女所穿的袍是仿自旗人，一是从时间上推测，乃是最近的源头；二是因为袍上有与旗人之袍相近的诸多特征，这也是无法否认的事实。

当然，演化至今的旗袍已经与早年旗人的旗装有了太大的不同，发展变化后的旗袍（有人称之为改良旗袍）已融入西方剪裁和现代审美。其一，运用传统熨烫归拔技术和西式服装裁剪中的收省及装袖工艺方法，使旗袍能够贴体，能更好地展示女性曲线；其二，更重要的是现代审美意识使女性乐于用旗袍表现女性身形之美，促使在旗袍形态的设计上更加注重体现东方女性的人体美，出现了短衣袖、高开衩、紧腰身等变化。

旗袍的改良有一个过程，因缺乏详细的历史资料，期间的准确日期无从查证。但从大体上归纳，清代女袍装在形式上呈现出初期瘦、中期肥、晚期又瘦的发展变化。关于改良的启动时间，有的研究认为自同治四年（1865）开始，到宣统时期朝袍已相当贴身了。不过，真正的改良应该是在民国以后，具体应是 20 年代后，其改良趋势也是朝适体、简洁的方向发展。用老舍剧作《茶馆》里的一句台词"改良改良，越改越凉"倒也适用于旗袍，只不过这里的"凉"不是指"冷落"，而是指袍身和衣袖的截短，袍身越来越紧，衩开得愈来愈高。

可以这么说，旗袍在中国 20 世纪初叶服饰史中没有明显的断档，只不过在民国初建之时因了"驱除鞑虏"的政治主张，暂时隐退了若干年而已。1921 年重新流行的旗袍已经有了全新的意义。不管是所谓"女着男装"也好，或是改良旗装也好，都成为新时期中国女性追求解放的手段和宣言。直到 1929 年南京的民国政府制定《服制条例》，规定了女子礼服分袄裙和旗袍（但条例中未用旗袍字样）[17]，旗袍终于被确立为现代中国女性的"国服"。

16
张爱玲：《更衣记》，《流言》，浙江文艺出版社 2002 年版，第 84 页。

17
《服制条例》第二条女子礼服："甲种，衣：式如第四图，齐领，前襟右掩，长至膝与踝之中点，与裤下端齐，袖长过肘与手腕之中点，质用丝麻棉毛织品，色蓝，纽扣六。"

20 年代的旗袍袖身缩小，镶滚
不如从前繁冗，但衣身仍旧宽博
（作者收藏）

　　20 年代初期的旗袍还是保留了初始特征：宽肥、平直，正如张爱玲所指的"严冷方正"。不过长度略有缩短，一般在腓部，袖式为"倒大袖"（喇叭袖），领子较高，衣裾多用丝辫沿边，有的则用刺绣饰边。有些女性还常常在袍内穿裤。初时还流行一种"旗袍马甲"，也叫"联褙衫子"。这种"旗袍马甲"无襟、无袖，须套穿，套穿时里面要衬穿一件短袄。短袄一般是白色或浅色纱衫，这一时期的旗袍马甲没有镶滚或刺绣等任何装饰，极为素雅。

　　初期的旗袍宽肥而无须开衩，与旗女的燕服相近。"旗袍之制，与男子之袍不同，下摆不开叉，袖口仍如女衣，上狭下阔，出手亦较短，且近时衣旗袍者，于头上之髻，足部之履，一无更易，或烫发卷如，蛮靴橐橐，衬以旗袍，亦不为怪，秋末冬初，即已有着之者。"[18] 但从 20 年代后期的资料看来，此时已有人不再内穿长裤，开衩的旗袍也开始出现。因为有了开衩，女性在走动之时隐约可见膝部以下的小腿。这种大胆的改变是对封建传统意识的挑战，自然引起封建卫道士们的恐慌。

　　当时的军阀统治者都曾经下过禁令，禁止女性穿旗袍，南方如孙传芳，北方如韩复榘。有文章揶揄了那位曾禁止刘海粟画人体模特，又来禁止旗袍的孙传芳：

18
新依：《时妆小志（六）》，《国闻周报》第 1 卷第 14 期，1924 年 11 月。

这一时期的旗袍"严冷方正"，但制作精致讲究（作者收藏）

女子服装，时有不同，此所谓时髦也，昔者衣短衣，穿短袄，以赤胸露臂为时髦极矣，美观极矣，然而在上者不独以此为美观，反谓此装夭冶有伤风化，遂令而禁之，曾几何时，女子之衣长袍大袖，堂堂表表，伤风败俗者何？竟而孙总司令又以此为败伤风化，下令禁穿，然而女子之服装何者为适宜，吾不得而知也，或将以裸身露体为最时髦乎？若是吾恐在上者再不令而禁之矣。[19]

同时，可以从文章中体会出当时上海时尚圈的氛围很是轻松，在这样的氛围中，旗袍样式的改革益发大胆。民国女性显然乐于接受新鲜事物，民心民风使然，旗袍就不会因某个禁令而轻易取缔的了。接下来的几十年里，旗袍有了更大的普及与发展。

4."美的人生观"

寒冷的一天，成都实业女子学校校园里，一位阔太太躺在地上哭闹，她哭骂的是几个剪了短发的女学生。原来，该校学生秦德君受五四新思潮的影响，剪了短发。在她的怂恿和帮助下，同校好友杜、李两人也剪成短发。于是发生了那位守旧的杜母大闹学堂的一幕，这是1920年末的事情。

次年，把持四川的军阀刘存厚让警厅发布告示《严禁妇女再剪发》，称："近日妇女每多剪发齐眉，并梳拿破仑、华盛顿等头式，实属有伤风俗，应予以禁止，以挽颓风……如敢故违，定以妇女坐法并处罚家长。"结果，成都实业女校以"伤风败俗"之名处罚了这三位学生。杜某被母亲送回老家，强迫出嫁；秦德君被开除学籍。于是，秦与另外两好友女扮男装，乘船出川寻求真理。四川《国民公报》还刊登了"三女士化装东下"的消息，真可谓"两岸猿声啼不住，轻舟已过万重山"。

如同男人的剪辫，当时妇女的剪发也成为社会关注的焦点，所不同的是，女性剪发是发自内心自觉的进步意识。

当时成都的进步刊物《半月》是巴金与进步同仁共同创办的，他们勇敢地面对警厅发难，写出了《女子剪发与警厅》《禁止女子剪发的谬误》等

19
《孙传芳禁止女子穿旗袍》,《良友》1926年第2期，第7页。

檄文，抨击封建军阀的警察厅。妇女剪发引发社会对女性解放、男女平等问题的广泛讨论与关注。当时大多是受过教育、追求新思想的新一代年轻女性实施剪发，而支持女子剪发的则是五四新思想的新派学者和进步人士。剪发派与蓄发派针锋相对，蓄发派谓女子剪发有破坏"礼教之忧"，如此下去，"国将不国"，呜呼哀哉！剪发派的批驳立场鲜明，指出女性的头发乃至身姿不应当服从男权要求，"女子剪发全然不成问题，要剪便剪，要留则留！"[20] 更有力主剪发的人称："蓄发不便洗涤，有碍卫生……所以称什么'鬘发如云'和什么'东方人之美在发'，还不如说'含垢纳污之具在发'之为得当。"[21] 云云。毕竟广大女性受新文化运动的影响而日渐独立，剪发遂成潮流。从通邑大都的青年女性到北伐军女兵，从读书女生到大家闺秀，纷纷剪却长辫发髻。20 年代后期，女子剪发越来越不是鲜见的现象了。

之后的剪发与蓄发之争，仍然持续了十余年。这种争论实质上是女权与男权之争，是民主与专制之争。一个没有经过新思想荡涤过的封建国度，女子剪发竟也是如此地艰难。

毋庸置疑，在中国这样一个封建文明高度发展和完善的国度里，女性所承受的礼教压迫尤为深重，中国妇女解放运动也走过了一个极其艰难的历程。

1920 年 2 月，有八名女生被北京大学录取，她们是来自全国各地的王兰、奚浈、邓春兰等。她们的合影刊登在当年的《妇女杂志》上，这足以在当时引起社会震动，不过她们还裹着小脚。但在奉行"男女授受不亲"的中国，男女学生同坐在一间教室听老师授课，其本身是一种历史性的突破。1921 年，北洋政府教育部批准在中学也可以实行男女同校。

到 1922 年，已有二十八所大专学校招收了女生。20 年代后期，一批职业女性陆续走上社会舞台，有女店员、女教员、女纺织工等。严珊珊在影片《庄子试妻》中扮演使女，成为我国第一位电影女演员。

清末开始的妇女解放运动并非靠妇女自身发起，而是由男子倡导、鼓动起来的。辛亥革命后，由于革命者们的积极倡导和鼓励，加上临时政府一再颁发剪发放足令以及提倡男女平权，一时间，知识女性放足兴学、参与社会活动者众。受教育的年轻女性对妇女解放、争取自身权利的愿望变得越来越自觉。

20
《教育部禁止女子剪发》，《妇女杂志》1924 年第 10 卷第 2 号。

21
毛子震：《女子剪发问题的意见》，《妇女杂志》1920 年第 6 卷第 4 号。

江南一对教师伉俪穿着冬季长棉
袍，摄于浙江平湖（余金芬供）

20 年代流行一种旗袍马甲，又叫"联裆衫子"

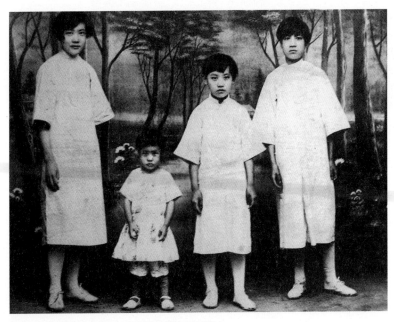

剪发、倒大袖旗袍、布鞋、布袜的时尚四姐妹（杨盼供）

民初大多数家庭的传统穿戴，唯足下皮鞋显露了西风东渐的端倪（Paul Chapron 供）

冯友兰先生与家室摄于 1929 年，照片中男士依旧长袍，女士的旗袍趋短

女子剪发在 20 年代成为舆论焦点，当时的杂志以封面女郎为示范，鼓励女子剪发

　　1921 年，北京大学哲学系新来了一位由校长蔡元培聘请的哲学教授、留法博士张竞生。这位特立独行、思想超前的学者，在 20 年代的民国思想文化界制造了几起大事件：1920 年的张竞生回国刚踏上岸，就找到当时广东"省长"兼督军陈炯明，递上在归途写就的、在他自己看来十分重要的一份报告。报告建议中国要限制人口发展，实行避孕节育，提高人口素质。结果是陈炯明把报告扔到废纸篓，并大骂他是精神病。1923 年 4 月 29 日张竞生在《晨报副镌》上发表了名为"爱情的定则与陈淑君女士事的研究"的文章，他在替谭、陈辩护中提出爱情四项定则，其核心为"爱情是可变迁的，离散在所难免"，引发了中国历史上第一次关于爱情问题的大讨论。[22] 令他声名鹊起的是他编撰的一部有关中国人性风俗的研究读物《性史》，这本《性史》引起社会极大的争议，其性学主张不仅遭到封建卫道士的攻击，也为五四新派人士不解，使他受领了"文坛怪杰""性博士"等头衔。学者李敖说："编《性史》的张竞生，与主张在教室公开做人体写生的刘海粟和唱《毛毛雨》的黎锦晖，被传统势力目为'三大文妖'。可是，时代的潮流到底把'文妖'证明为先知者。"[23]

　　"文妖"张竞生在北大讲授的哲学课是最受学生欢迎的课程之一。1924 年，他的讲义《美的人生观》成为当时的畅销书，书中大力抨击道学社会里封建意识的弊端，尤其直指中国女性所受的压制。

　　新文化运动以来，新旧意识形态的碰撞已涉及到普通民众的人权层面，涉及到传统文化忌讳的爱情、离婚、天乳、性生活等话题，这正体现了中国社会的文化学者在经历辛亥革命后，对社会积垢成疾现状的疑虑与思索。在《美的人生观》里张竞生如此点评当时民国的着装及改良：

　　　　中国老病夫的状态不一而足，而服装是此中病态最显现的一个象征。男的长衣马褂，大鼻鞋，尖头帽，终合成了一种带水拖泥蹩步滑头的腐败样子。至于女子的身材本极短小，而其服装分为上衣下裙（或裤），每因做法不好，以致上衣下裙不相联属，遂把一个短身材竟分成头部、衣部、裙部及鞋部四小部落了！……

　　　　民国改元，仅改了一面国旗和一条辫。其要紧的服装仍然如旧，这个是民国的一大失败。论理，改易心理难，改易外貌易。若能把这

[22]
北大生物系主任谭熙鸿教授丧妻后与妻妹陈淑君相恋至同居，引起了一场关于爱情与道德的辩论。

[23]
转引自《张竞生文集》上卷，广州出版社 1998 年版，第 5 页。

个病态的丑陋的服装改变，自然可以逐渐推及于精神上的改良。但我不是主张如从前易朝时必改服的那样无理取闹（袁世凯时代的制服就是无理取闹）。我所要改易的新装当按上头所说的四个细目：最经济，最卫生，合用，最美趣——为标准。

现时习尚的男子开领西装，费用太大，而且嫌于矫揉造作，也未见得美。穿者不过看作"奇异与贵族式"罢了。所以我主张不可采用这样西装。我人应当采用"漂亮的学生装"。……这样男装就是合于美的标准。因为它是"人的服装"。

我国女装的改良比较男装的更为重要，大概我们女装的不美处：第一，误认为衣服为"礼教"之用，不敢开胸，不肯露肘，又极残忍的把奶部压下；第二，做法不好，致上衣下裙不相连接；第三，内衣裤的装束不良；第四，无审美的观念，颜色配置上多不相宜。[24]

于通篇文章，张竞生极力用"赛先生"和"德先生"来教化国民，并对中国服装提出诸多改良建议。他对改良男女服装的见地，恰与同时期正在进行的中山装和旗袍的设计改良有着唱和之作用。

五四新文化运动的蓬勃发展，为妇女解放提供了强有力的思想支持。中国这时正经历着新文化、新思想的荡涤，人们对妇女、对生活、对婚姻、对服饰的解放投以更加关注的目光。

北大首开男女同校之先例；女界又掀起了一次剪发高潮；缠足妇女大多扯下了裹脚布，即使大家闺秀，此时也已解了逾闺之禁。一个外国女子的名字为社会和女性们广为传诵，她是挪威剧作家易卜生剧作《玩偶之家》中的主人公"娜拉"。[25]

5. 中西不悖，土洋结合

20年代国人的穿戴日趋开放，归纳起来为三种着装方式，即土、洋、土洋结合三种。所谓"土"的，在男子是长袍马褂瓜皮帽洒鞋，以这种方式穿着的多是土著商人或门第较高家庭的中年家长；女子则是上袄下裙梳髻，中老年女子为多，传统大家闺秀也坚持如此穿戴。所谓"洋"的，在

24
张竞生：《美的人生观》，《张竞生文集》上卷，广州出版社1998年版，第37—39页。

25
《玩偶之家》，19世纪挪威戏剧家易卜生的著名社会剧，作于1879年。女主人公娜拉不堪受夫权欺凌，毅然离家出走。此剧在当时的中国引起轰动。

男子是西装革履，教育界人士、洋行职员、门第较高的年青一辈穿着较多；女子是西式套裙配以开衫烫发，开明家庭的小姐、电影明星、交际花常常如此装束。当时报章上常有的《今年巴黎妇女流行之小帽》《西妇内衣之沿革》《欧西时装介绍》等时尚新闻，多以她们为受众。有中国特色的是"土洋结合"法，男子穿大褂配西裤，长衫配皮鞋、礼帽；女子穿旗袍配以针织开衫、高跟鞋，当时有评论："皮鞋西裤大马褂，烫发旗袍半高跟，不中不西，亦中亦西，谓之为东西合璧可，谓之为文化进步也，然而这合璧这进化，不发生于外国而独见于中华者，固由于中人之善模仿，而主要的理由不能不说是中国人常于'中庸之道'."[26]

西服愈来愈普及，都市里多数的上层中青年男性以穿西装为时髦，20年代后期益盛，赴宴、跳舞、看电影等社交场合必穿全套的西服，打上领带或领结，头发、皮鞋均光可鉴人。衣服色彩一般来说夏尚白或灰，冬尚黑或深蓝或墨绿等深色。同时，戴上与衣服色彩相同的礼帽，有的还要拿上根"文明棍"，以示身份。

这一时期的中山装主要还是官员们穿着。

值得提及的是，此时的新派中国知识分子，尤其是青年学生，虽然对西方服饰有好感而不排斥，终因自己的民族情结和穿着习惯，继续了五四运动时期的穿法：传统的侧开衩中式长衫，衣襟上插一管自来水笔，下着西式裤子，布鞋或皮鞋，中分或偏分的短发，头上则是一顶西式礼帽或遮阳草帽，"十年春，沪粤京汉苏杭各埠，男女青年衣服竞尚单色美……男界喜戴舶来品之呢帽，并于中装外，裹以大衣，本国之绒帽、缎帽又易圆顶而为平顶……"[27]另外，一条长长的或丝质或毛质的围巾搭在颈脖，独具潇洒、儒雅的风格，深得青年学子们喜爱。

学生装也是青年学生的主要服饰，样式为关闭式立领，对襟，前门襟有五粒纽扣，前胸左侧及左右衣襟下部各有一个暗袋，衣长与袖长及宽肥均适体。当时，该服已成为大、中、小学校的校服，尤其是大学生穿着为多。少数学校也有要求学生穿着日本学生装式样的童子军制服，穿着西式短裤，下着花纹长筒线袜，足蹬皮鞋或帆布球鞋的。

长衫、马褂或马甲依旧是国人常服，尤其中老年人或前清遗老，在家穿长袍，有时外套一件小坎肩，出客添换马褂以示郑重，脚上仍是布袜、

26
一新：《中庸之道》，《新天津画报》1934年5月6日第2版。

27
刘半农等：《二十五年来中国各大都会妆饰谈》，《先施公司二十五周年纪念册》，香港商务印书馆1924年版，第308页。

布鞋。朱自清的著名散文《背影》中有："我看见他戴着黑布小帽，穿着黑布大马褂，深青色棉袍，蹒跚地走到铁道边……"当时，大多中青年男性闲居时也仍穿着长袍、马甲，这时的马甲不用中式的布纽或盘花纽，而改用西式的铜纽或镶水钻的各色纽扣。老年人及文人穿着的还有一种"两截布衫"，青色的瓜皮小帽以及青缎官靴也还能不时地见到。当时在重要场合约定俗成地须穿马褂，但褂里则配穿西式白色衬衫。

有些人一时难以适应这中中西西、长长短短的改变，穿成了不伦不类的样子，老舍先生在《老张的哲学》中有过绝妙的描绘：

> 学务大人约有四十五六岁的年纪。……穿着一件旧灰色官纱袍，下面一条河南绸做的洋式裤，系着裤脚。足下一双短筒半新洋皮鞋，露着本地蓝市布家做的袜子。[28]

也许，这也是"新旧咸宜""允执厥中"，或是东西文化调和的先声吧。

穷苦百姓仍是一身短打扮。老舍笔下的骆驼祥子们，拉车时一般是穿着号坎（缝有车号的粗布背心）、扎着裤脚的中式裤与千层底布鞋。小褂一般是白布或本色搪布（窄幅粗线织得很稀的一种布，旧时用作面巾），长裤则一般由阴丹士林蓝布制成。"一律的是长袖小白褂，白的或黑的裤子，裤

28
老舍：《老张的哲学》，《老舍文集》第一卷，人民文学出版社 1995 年版，第 12 页。

1934 年《上海漫画》刊登的漫画"中西合璧"讽刺了当时不中不西、不伦不类的穿戴（丰子恺作）

大多数家庭中，男人比女人更早
接受西式服装，摄于湖北武汉
（田鸣供）

长袍与西装同室，年轻人比老人更易接受洋服，摄于江苏苏州（许觉民供）

1924 年国共两党会晤于上海的照片，展现出中西穿戴共济一堂的景象

民国新青年穿着的学生装是介于中式服装与西装之间的
选择（黄宗江供）

西服很快成为都市青年之最爱（黄宗江供）

筒特别肥，脚腕上系着细带；脚上是宽双脸千层底青布鞋；干净，利落，神气。"[29]

此时期的男子短发，发型中分、侧分，分有无鬓角两种，年轻的时髦男子多无鬓角，下层年轻男子只留头顶上的头发，四周剃光。男子鞋，流行小圆口、方舌等式样，产品以1916年开业的"天禄"鞋店最负盛名。中老年男子多戴瓜皮帽、铜盆帽，冬天也戴罗宋帽，洋派人物则带呢制礼帽，一般职员、工人戴鸭舌帽。

6. 扮美的自觉

20年代，无疑开始了中国女性自觉扮美的新时代。

旗袍开始流行，20年代初中期皆为长及脚踝，平直，合身有余，袖为倒大袖，及小臂中部。旗袍沿边日趋简单，为丝绦边，领子上装饰一道至三道丝绦。后期趋短并愈来愈多与高跟鞋、丝袜相搭配。由于旗袍流行，常见套穿现象，"棉袍，罩袍，裤腿"套穿。"五色具备，极参差之致。"

此时的女子上衣一般较以前短小，大多齐腰，最长也只是及臀。有对襟，也有斜襟，一般用盘花布纽扣，也有用西式金属纽扣或金属子母暗扣的。下摆有的呈直线，有的则半圆形。清末民初的"元宝领"已逐渐淘汰，代之而起的是小立领或无领；袖子一般都极宽大且短，即倒大袖；到1921年以后，百褶裙已少有人穿，张爱玲在《更衣记》中提到的"韭菜边""灯草边"已经风头不再。百褶裙落时了，入时的是下摆宽大、比较潇洒自由的宽褶裙。

北京杂志《图画世界》时有介绍流行服装的内容，1924年第1卷上图文并茂的《今年夏季妇女时装说》可见一斑：

> 上衣衣身之短，已至极点。衣角作琵琶式。豁起愈甚，愈为趋时。罅缝处或露里衣之衣脚。有时或竟将肤肉微露。此诚不雅观之甚者矣。衣领仍极短窄。袖则短仅及手臂之半，胁际甚紧窄，愈往外则愈博，至袖口处则其博几过尺，骤观之或疑为裙。裤式之奇异，盖今岁时装中之一大特点也。[30]

29
老舍：《骆驼祥子》，《老舍文集》第三卷，人民文学出版社1995年版，第5页。

30
《图画世界》1924年第1卷第1号。

女学生佩戴编织围巾的秋冬季装束

作家张恨水写于那个年代的小说《春明外史》中对这种时髦也有描写：

> 刚一进去，只见一个二十几岁的少妇，梳了一个双挽的如意头。
> 上身衣服是月白绸底子，上绣蝴蝶逐飞花的花样，大襟摆都是圆角，
> 也不过一尺多长，就像圆鸭蛋式一般。下身穿一条深绿色的哔叽裤子，
> 又长又大，远望像一条裙子一样。[31]

女学生尤其爱围一条自己编织的带穗子的毛线围巾，颜色鲜亮，在脖
子上绕一圈后分搭在两侧。通常，女学生穿着无太多装饰的灰色或蓝色布
褂，有时也像男生一样，在衣襟上插一支自来水笔以为风雅。女学生所穿
的裙子仍多半是蓝色或黑色布裙或绸裙，无装饰，极为素净。《春明外史》道：
"二人都是穿着灰布褂，黑绸裙，而且各蹬着一双半截漏空的皮鞋。那年

31
张恨水:《春明外史》中卷，
北岳文艺出版社 2000 年
版，第 314 页。

溥仪和婉容夫妇所穿西服、旗袍
正是当时上层人士的时髦装扮

民国流行的袄裙素雅淡泊，"华盛顿"式剪发和高跟皮鞋受到欢迎（Paul Chapron 供）

在开埠城市里，西式装束成为了
上流社会普遍追崇的时尚

具有中装元素的西式连衣裙

母与子在影楼留影是民国时期的
时髦，他俩的服装肯定是"时装"
（Paul Chapron 供）

纪大的梳了头，小的却剪了发，不用说，这是正式的女学生装束。"[32]

　　西式服装当然是这一时期时髦女子极为倾慕的装束，主要以大城市的富裕女子或交际明星为主，一些热心于政治事务与妇女解放的女士也喜穿着西式衣裙。主要有连衣裙、西式上衣和短裙、西式呢质大衣、翻领毛皮大衣，搭配宽檐草帽、高跟皮鞋、手提钱袋等服饰品。连衣裙和西式短衣有各种领式，袖子则多为西式装袖。

　　如通常所见，那时的小说以对衣着打扮的细腻描写，交代出人物的身份地位和个性。民国言情作家刘云若有这样一段文字：

32
张恨水：《春明外史》下卷，
北岳文艺出版社 2000 年
版，第787页。

33
刘云若：《恨不相逢未
嫁时》，百花文艺出版社
1988年版，第93页。

　　　　由门内驰出一辆崭新的脚踏车来。车上坐个妙龄女郎，身上穿着印度红薄呢的短西装，头上斜戴着雪白的法兰绒小檐卷帽；颈前系着条极大的黄蓝相杂的丝巾，在粉头上绕了一遭还有多半幅垂绕在背后；腿上过膝的极长肉色丝袜，远看直如玉腿全部露裸，脚下却是很朴素的鹿皮平底鞋子，戴着新羊皮手套的手里，握着只打网球的球拍。[33]

1927 年，画家叶浅予为《上海漫画》创作的连环漫画《王先生》真实记录了市井众生的衣着打扮

绣花鞋加高跟是民国时期时尚流行的产物（钟漫天收藏）

高跟鞋进入了民国女性的视野，渐渐成为必不可少的时髦。这一时期的高跟鞋，样式是从西方传过来的，在国内制作加工。有皮面的、缎面的，也有布面的，甚至还有复古绣花面的。只要经济条件许可，每位追求时髦的女性都愿意拥有一双高跟鞋。即使刚刚放足的妇女，在鞋前鞋后塞上棉花，也穿上高跟鞋，走起路来颤颤巍巍，着实让人为她捏一把汗。而大部分朴素、尚雅的女学生仍然喜欢穿着青布或缎子平底鞋。

袜子时兴长筒或短筒丝袜，多为米黄或白色。另外，各种彩色针织线袜也很流行。太太小姐们出门还要一手拎手袋，一手拿洋伞。耳环、项链、珠花也是必不可少的配饰。

妇女剪发初始，剪的是男式发型，即所谓偏分的"拿破仑"式和中分的"华盛顿"式，以后剪发又有了半月式、倒卷荷叶式、双钩式等。以后引进西洋的烫发技术，为女性的审美创造力的发挥提供了条件，一时间出现了许多发型。烫发一般是烫短发，蓬蓬地堆在头上，也有些烫了长发的，并编成辫子。有的留长辫，而只烫前面的刘海。也有的将短发烫过之后，梳了两个蓬鬓，然后用一根色彩鲜艳的绸辫，围着额顶，将烫发一束，显得十分妩媚。

风风雨雨的 20 年代，尽管政局动荡纷扰，东海之滨的上海却日益繁华，当时国外传入的歌舞、电影、服饰、饮食等生活方式首先到了上海，上海被喻为"东方巴黎"。1929 年外滩耸立起了一座楼高十余层的沙逊大厦；繁华的南京路上每三分钟就会驶过一辆汽车，这在当时是十分摩登的事情了；新世界游乐场举办了选美竞赛，永安公司老板之女郭安慈当选上海小姐……在以后相当长的年月里，中国的时髦都唯上海是瞻。

1929 年，南京国民政府颁布了民国新服制，民国初年的爱德华式燕尾服、圆筒帽被废除了，取而代之的是简洁、朴素的礼服，长袍马褂和西服都为男性礼仪服装，女性礼服为旗袍（未用旗袍称谓）和袄裙。男公务员制服采用类似中山装的服式，立领五钮，三个暗插袋。民国新服制摈弃了《大清会典》那般繁缛的封建规章，倒有了些许现代民主社会的思想意识。民间服饰在以后的日子里更加自由和丰富，女性的旗袍成为了民国最重要的时装，扮演了民国时尚大戏中的主角。

第 四 章

1930年代

旗袍在 30 年代已经成为流行，少女们的旗袍用料以条格棉布为主，摄于上海（田鸣供）

第 四 章

1 9 3 0 年 代

　　1931 年 6 月，上海的大华饭店举行了一场时装表演，到者千余人。报
纸载："男女模特儿穿着时装缓步鱼贯而出，其种类有男子西服、女子长旗
袍、晨服、晚服、婚礼服等九大类，盛极一时。"[1] 这差不多是华夏大地上
最早的时装表演了。1931 年的上海，人口超过 315 万，一跃成为仅次于伦敦、
纽约、巴黎和柏林的第五大都市。繁荣的上海吸引了国内外无数的淘金者，
同时，世界上最时髦的东西纷纷亮相上海。经过开埠之后的积累，西洋生
活逐渐融进国人的市井生活，逐步形成了独树一帜的海派文化，并在相当
时间范围内引领着中国的时尚生活。

　　1934 年 2 月，蒋介石跑到江西发表演讲《新生活运动之要义》，并称
这场运动是"精神方面的重大战争"。

　　当年的冬天，在重庆还有过一场特殊的街头时装秀，据说这是为了配
合新生活运动所举办的首场时装秀。表演者为中国政界的重要女性，她们
是宋美龄、宋庆龄和宋蔼龄。宋氏三姐妹穿着一样的深色旗袍，头戴大帽，
脚穿黑色皮鞋，认真地在大街上走着台步。从照片上看，大街上重庆居民

1
参见《老照片：二十世纪
中国图志》，台海出版社，
第 531 页。

为宣扬倡导新生活运动，宋氏三姐妹在重庆街头进行时装表演

的目光里没有兴奋、没有赞许，流露出的只是好奇、惊讶，还有木讷，他们的眼神似乎与这三位女人和那个新生活运动毫不相干。有书评述："重庆居民好奇地观看头戴大礼帽表现新生活运动时装的宋家姐妹，据称这是重庆的首场时装表演，而领衔者为中国第一夫人与两位在中国政界举足轻重的女性。"[2] 尽管未能找到进一步的详尽资料，但这肯定是应该记入中国服装史或时装表演史的重要内容。

　　30 年代的中国土地上，大面积的战乱与小面积的摩登并存着。

1. 旗袍的黄金时代

　　从 30 年代开始，旗袍成为中国都市女性的重要服装。

　　名媛、明星、女学生、工厂女工几乎全都接受了旗袍这一样式，只是

2
师永刚、林博文：《宋美龄画传》，作家出版社，2003 年版，第 47 页。

宋庆龄一生钟爱旗袍，这是
1938年的宋氏旗袍，端庄、
优雅

面料、质地、做工和穿着方式有差异而已。

上海是现代旗袍的策源地。旗袍的修长适体恰好符合江南女性纤巧玲珑的体态，很快在上海及周边地区广泛地流行开来。更重要的是，这时的旗袍绝不是旗人（或男人）之袍，明显已融入外来的现代技术和审美。长江三角洲地区的广大女性将旗袍穿出了一种婀娜神韵，从而成为具有海派文化风格的典型服饰形象，造就了中国现代服装史上的一页辉煌。

张爱玲很仔细地描述道："时装开始紧缩。喇叭管袖子收小了。1930年，袖长及肘，衣领又高了起来……"[3] "时装"指的就是旗袍，当时，除了完全的洋装样式以外，最时兴的女性服装莫过于旗袍。旗袍的形制结构随时尚逐年变化，装饰愈来愈趋简单，长短肥瘦年年更新。最主要的变化集中在下摆的长短、领的高低、纽扣的多寡、侧开衩的高低等方面。

30年代的最初几年，旗袍沿袭了20年代末的风格：1928年是长短适中，

3
张爱玲：《更衣记》，《流
言》，浙江文艺出版社
2002年版，第84页。

156

影星们的旗袍玉照令旗袍更入佳境，何况还有阮氏甜甜
的微笑

影星阮玲玉的一袭长旗袍，平添摩登风情

民国美女胡蝶体态丰腴，穿上旗袍更显仪态万方

30 年代中期的旗袍愈加合体，袍长及地，使娇小的东方女性更显妩媚修长

卷 一 第
期 六 十 第
新 生

30 年代创刊的《新生》杂志记录了女性旗袍的黄金时期：旗袍愈来愈合体称身，成为中国女性最主要的衣着

便于行走，袖口保持短袄时的阔大风度；1929 年开始旗袍底摆上升，达膝盖以下，袖子也趋短；到 1930 年的旗袍长度刚好盖住膝盖，但腰身逐渐收小，下摆开始收拢；1931 年流行短旗袍，整体造型紧窄合体，腰部已经有较明显的曲线。

女子服装走在前头的，当然是较少约束的"花界女子"，舆论颇有非议："旗袍一袭，长仅过膝，下摆不张……加之紧束严缚，臀部毕露，冈峦耸现，而婴儿命脉之双乳，亦复强力压迫，领高及颔，硬而且坚，头颈转侧，失其自由……"[4] "现在天气热了，大家穿着薄薄的紧紧的旗袍，把臀部光光的凸凸的……包牢。"[5]

1932 年以后，旗袍下摆开始趋长，长及脚踝或腓下部，须着高跟鞋方可行走。这一时期的袍身加长对旗袍的现代转型有着十分重要的作用。其一，旗袍的修长能更好展现东方女性的线条，前提当然是腰臀部和下摆

4
《女光周刊》，1930 年第 1 卷第 38 期，第 30 页。

5
《女光周刊》，1930 年第 1 卷第 27 期，第 31 页。

1932年后旗袍下摆开始趋长，上身逐渐合体，衣袖渐短（许觉民供）

照片里女主人的旗袍袖及肘，领又趋高，三粒扣，长及地，低开衩，30 年代的典型样式；男孩的西装、短裤、长袜、皮鞋，是都市殷实家庭的时尚打扮

旗袍虽没有了清末女装的繁冗
装饰，但其合体的剪裁和精致
的镶滚深受中国女性钟爱（许
觉民供）

的合体适度；其二，为了方便行走，修长旗袍的下摆开衩变成必要，从此
开衩旗袍也成了现代改良旗袍的重要标志。1933年始，旗袍从低衩或无衩
变成高衩。当时一位当红明星顾梅君常穿高衩旗袍出入交际场，衩高过膝
甚至及臀。由于明星效应，遂成流行。

《大公报》称："时下流行之大气长袍，衬以革履，丝袜，行时步趋婀
娜，飘飘欲仙。"北方称开长衩为"大气儿"。服饰收藏家何志华说，天津
30年代的旗袍有开到50—60厘米的。30年代中后期，摩登女郎将旗袍两
侧开衩至膝盖以上，确实为中国女装史中少见的性感形式。"她也许是一位
买办的女儿，身上穿着材料非常之名贵悦目，裁剪非常之称身的旗袍，袍
衩开到膝盖的上面，袖子短只及肩，颈子上是一条很狭的但很挺括的衣领。
这是1936年式的新装，凡是时髦的中国女子所穿的大都是这个式样。"[6]不
过，开长衩的旗袍常遭诟病，在《北洋画报》中有漫画记录这一现象。依

[美]霍塞著，越裔译:《出
上海滩》，上海书店出版
社2000年版，第173页。

此判断，当时大多数家法家教严格的良家女性不得穿开衩很高的旗袍。

1932年后，旗袍也曾流行花边装饰，凡衣缘处镶上花边，使旗袍更加妩媚。

到1935年后，因名交际花陈玉梅、陈绮霞提倡低衩，故旗袍开衩趋小，袍身依旧长度及地，完全盖住双脚，时人揶揄为"扫地旗袍"。这种长度的旗袍毕竟不实用，所以流行的时间不长，一年后下摆就上移了。尤其随着抗日战争的爆发，旗袍又回到利于行走的长度。按作家曹聚仁的说法："一部旗袍史，离不开长了短，短了长，长了又短，这张伸缩表也和交易所的统计图相去不远。"[7]

倒大袖已经风光不再，袖型细窄合体并趋短，短至肘上。这个时期，旗袍袖子的趋短也是特征之一。1937年后，袖长缩至肩下两寸，几近无袖，女性的玉臂充分展露。一年后袖子完全取消，人称回到旗袍马甲的样子。

30年代旗袍高领复活，直抵领下，上缀三粒纽扣。许多富家女的高领纽扣是颇为讲究的，除了精致的盘花扣、葡萄扣外，也有西式金属镶嵌纽扣，甚至有纽头用宝石或珐琅装饰的。30年代月份牌里的许多广告女性都是三粒纽的高领，与长款的旗袍配合起来倒也相得益彰。不过，张爱玲显然并不喜欢这种领子，她认为："往年的元宝领的优点在它的适宜的角度，

7
曹聚仁：《上海春秋》，
海人民出版社1996年版
第190页。

张爱玲所作插图，描绘30年代的高领长旗袍十分到位

民国以来的旗袍长长短短，衣领
高高低低，但总体上更加合体
（作者收藏）

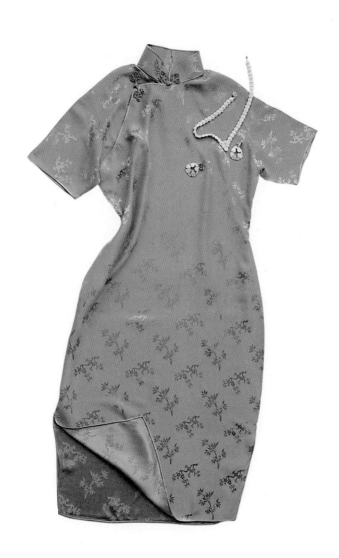

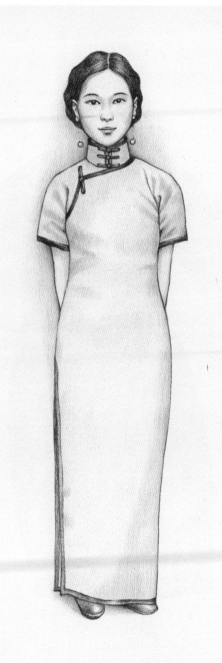

1932 年以后，旗袍下摆开始趋长，长及脚踝或腓下部，须着高跟鞋方可行走。这一时期的袍身加长对旗袍的现代转型起到了十分重要的作用（刘蓬作）

当时流行有左右门襟的旗袍，其实左门襟为装饰，称双襟旗袍（作者收藏）

斜斜地切过两腮，不是瓜子脸也变了瓜子脸，这一次的高领却是圆筒式的，紧抵着下颌，肌肉尚未松弛的姑娘们也生了双下巴。这种衣领根本不可恕。可是它象征了十年前那种理智化的淫逸的空气——直挺挺的衣领远远隔开了女神似的头与下面的丰柔的肉身。"[8] 不过到了 30 年代中后期，领子又趋低。

　　30 年代中期以后，女性逐步摈弃旗袍上多余的装饰。一般旗袍不再有大面积刺绣、镶滚，取而代之以细边镶滚的装饰，十分精致。另外，还出现了许多中西合璧的装饰手段，20 年代中期至 30 年代初，上海女子旗袍的肩袖及底摆处加上西式的荷叶边，也叫蝴蝶褶。这种处理手法也叫作"别裁派"，即把旗袍的某些局部西化，在领或袖上缀以蕾丝花边，做成荷叶边等。此外还有左右开襟的双襟旗袍。1932 年沪上交际花薛锦园穿的"花边旗袍"，很快在南北各地流行开来。

8
张爱玲:《更衣记》,《流言》, 浙江文艺出版社 2002 年版, 第 84 页。

当时也流行旗袍与西式服装搭配穿着，旗袍外穿西式外套、绒线衫、绒线背心、大衣等，旗袍外加西式长及臀下的绒线背心或对襟毛衣是春秋季的时髦穿法，尤以知识女性为多；而名媛阔太喜在旗袍外加上一件贵重的裘皮大衣，或附以其他皮毛手笼、披肩及毛皮饰边，这都是当时的摩登象征。

对传统旗袍的最重要改良，是采用了胸省和腰省的工艺手段。胸腰省的运用使旗袍更加合身贴体，但中国裁缝采用收省技术时是十分审慎且含蓄的，更多的是将收省与熨烫归拔（归是将织物烫拢收缩，拔是将织物拉伸）工艺结合。

民国初年，上海市场上已经出现有西洋丝袜。高跟鞋的出现则早于丝袜。19世纪70年代，上海滩就已经有皮鞋作坊，嗣后，外商相继开设了"拔佳""美最时""华草"等皮鞋店。因此，20年代初出现的旗袍就有了与丝袜、高跟鞋配套穿着的可能。但是，直到30年代初出现短款旗袍，才流行起在旗袍里面配合穿丝袜的方式。"后面一个女子，乌黑头发，披到颈边：柳叶般眉黛……蓝地白柳条儿的旗袍，遮着膝畔，露出一段肉色丝袜，蹬着黑色高跟皮鞋……"[9]

大多数女子穿着长旗袍时，里面习惯穿传统的内衣裤，有的还要再套上一件衬袍，30年代报章上刊登的应景小说里就有这样的细节描写："她吸完了香烟，慢慢立起身脱去旗袍，露出套洋府绸的短衫裤来……"[10] "她嚷着热，脱去了夹旗袍，单着件纺绸短衫，当胸密密钉着一排翡翠纽扣……"[11]

这一时期旗袍的面料各式各样，纱、绉、绸、缎、花呢、棉布等均有。讲究的多用进口绸纱、呢绒等纺织品，一般旗袍也动辄要用绸缎，方显时派。上层妇女用料华贵考究，包括镂空、透明的旗袍，内里则穿精美带花边的衬裙或西式内衣。条格棉布和阴丹士林布也是30年代的流行，这些布料色泽清雅、素净，尤其阴丹士林布做成的旗袍简洁大方，颇受女学生、职员甚至闺阁小姐的青睐。国产毛蓝布（亦称"爱国布"）制的旗袍则是年轻女学生或平民女工的常见衣着。

9 擎云生：《黄熟梅子》，新生书局1932年版，第7页

10 擎云生：《十里莺花梦》原载1930年上海《金刚钻报》，春风文艺出版社1997年版，第115页。

11 擎云生：《黄熟梅子》，新生书局1932年版，第32页

1936 年的月份牌美女画《执扇
仕女图》描摹了当时的时髦旗袍
和发型（杭穉英作）

喜好运动的西洋风气带动了都市青年换置西式服装

都市上等人家流行的时髦穿戴（Paul Chapron 供）

2. 海派的摩登岁月

上海在开埠初所定的英法租界的界线划在一条小河，即洋泾浜（今延安东路）。饶有趣味的是，后来租界文化中将言语或行为的不中不西谓之"洋泾浜"，而恰恰是"洋泾浜"孕育了"海派"文化。

"海派"，原是京剧的流派。到了今天，却少有人知道原来的词意了。"海派"已被学者们认定，特指上海的文化特色，即包罗万象、华洋交杂的生活方式和衍生出来的文化艺术。更通俗地讲，"海派"更是一种做派、一种摩登、一种令他乡人不可企及的讲究。

"海派"的形成，不能不与开埠、租界、殖民联系在一起。清末以后，港口、租界的发展及众多国内外移民的涌入，使上海形成了民国时期变化快速而充满活力的区域特点。在动荡的民国初期，上海的社会环境较其他城市相对宽松，对外来的现代文化影响抵触较少，促使各地的文化人到上海寻求发展。在这样的历史、文化背景中孕育发展起来的上海，必然最终成为民国时期流行时尚的发源地。

20 世纪初，上海先于其他城市，完成了向近代西方民主、科学，以及价值观念的靠拢和改变。民族工业迅速发展，出现了蜚声中外的一批企业。申新纺织厂、南洋兄弟烟草公司、先施公司、永安公司等，多是在此期间开办或发展起来的，民族工业为上海造就了现代产业和现代时尚的经济基础。20 年代后，许多有新思想的新型知识分子聚集上海，加速了西方文化的介绍和引进，使上海成为当时的新文化中心。另外，1927 年南京国民政府成立，中国政治中心的南移，进一步强化了上海作为新文化中心的地位。1937 年后的抗战时期，上海租界被称作远离战事的"孤岛"，受战争影响相对较少，仍能维持战前的时尚生活。

就在那个时代，上海有了"不夜城"的别称，人称："火树银花，光同白昼。"邮政、通信、电灯、电车、自来水等公用设施的大力营建，促进了上海城市现代化的飞速发展。上海市民较大多数中国人更早地领略现代文明的好处，同时也是较多地接受了西洋生活方式的影响。

上海租界内生活着大批来自欧美等国的官员、商人和各式各样职业的外国人，他们将本国的衣食住行方式尽可能地带进了中国。当年的租界，

上海男士们的日常穿着，除了西装、长衫外，还有人穿的是 1929 年民国政府《服制条例》里规定的男公务员制服，其形制与中山装形似（生活书店旧影）

抬眼望见的尽是外国生活景象。因此，不可避免地对相近相邻的中国居民产生影响。"主要由外国人治理但主要由中国人居住的条约口岸，是文化共生现象的产物，是西方的扩张与成长的面海中国的力量的结合点。"[12]

1917 年前后，数十万俄国人来上海……霞飞路一带出现了许多西式企业。霞飞路上的服装店，虽没有南京路的牌子老，但他们的款式、做工更接近欧洲风格。其他如面包店、咖啡店、珠宝行、照相馆里，都是价廉物美的欧洲货。是白俄把欧洲的生活方式，从租界里的大班和高等华人的豪宅中解放了出来，变成了上海一般市民也能消受得起的日常生活方式。上海人很早在福州路吃"番菜"（广东化的西餐），也很早知道丰富美味的法国食品，但是真正普及"掼奶油""棍子面包""罗宋面包""冰激凌"……都是从这时开始的。[13]

12
[美]费正清：《剑桥中华民国史》上卷，中国社会科学出版社 1998 年版，第 25 页。

13
陈和：《老上海》，上海教育出版社 1998 年版，第 396 页。

西式礼帽已完全取代中式瓜皮小帽

　　租界文化不断向中国人的生活中渗透，继而与中国本土文化共生，海派文化就是本土的江南文化与各国外来文化等多种文化的混合体，是一种外来居民与本地居民的共享文化。一时间，积极的与消极的，进步的与落后的，健康的与病态的，现代的与封建的，杂处一地。当地的中国人接触西方文化的同时，也接受了这种文化带给人的躁动和刺激。穿洋装、吃西餐、看电影、进舞厅，享受新式生活是租界里的时髦。"海派"生活与文化的特质，就是西方生活方式和价值观念在上海的成功移植。

　　穿洋装，拎"司帝克"（stick，手杖），戴平光眼镜和呢绒礼帽，为洋人做事，喝牛奶咖啡，吃火腿面包，讲几句"洋泾浜"英文……被视作时髦而备受推崇。

　　30年代时期，十里洋场中的时髦"行头"，一般包括以下内容：

　　头戴英国式的Hatman呢帽，有深灰、淡灰、深棕、淡棕等色，夏季是草帽。上海南京路上的"小吕宋""盛锡福"等店的国产帽店也有类似帽式。西装的料子首选进口货，即使不是Towntex，也得是其他的外国花呢，次之则穿国产"章华"或者"协新"呢料。足下一定是进口皮鞋，衬衫要Van Heusen或者Arrow，起码也得是"司麦脱"或者"康派司"；南京路上的英资首饰商"安康洋行"打样定做袖扣和领带扣针，质地有银，也有K金，还可以镶嵌宝石或钻石。手表有劳力士、欧米茄、浪琴、西玛、天梭……能穿着如此行头的主要是那些崇洋的老板、小开。

这个时期，商界、政界和部分知识界人士多穿着西装。但是，同是三件套的西装也各有不同讲究。最有名的西装店是开设在南京路近四川路处的CRAY，老板兼裁剪师是欧洲人，其西装缝制的费用超过"培罗蒙"好几倍，相当于好几两黄金的价格。1930年左右开业的惠罗公司和对面的福利公司男式部中都有制衣部，裁剪师是白俄移民。

大多数普通上海人的西装还是出自中国裁缝之手。20年代开始，浙江奉化的"红帮裁缝"在上海逐渐形成气候。当时上海最有名的四家西装店是开设在静安路上的"培罗蒙""皇家""隆生"和"亨生"。其中以1919年开张的"培罗蒙"最为著名，许多达官富商也是"培罗蒙"的常客。

那时的上海市场充斥着洋货，有永安公司出售的巴黎吊裤带；新新公司出售的英国羊毛围巾；茂昌眼镜公司出售的德国蔡司朋克塔平光眼镜，都是穿西装必要的时髦搭配。另外，男子还流行穿绒线开衫外套，绒线背心，还有宽驳领[14]、双排纽的西式大衣，秋冬季也可以加穿在中装外面。

那真是一个上海人来不及消化洋摩登的年代，所以，只要是在中国没出现过的，任何西洋的东西都被冠以时尚，都有其市场。甚至滋生了重衣衫不重人的世风，正如鲁迅所说："在上海生活，穿时髦衣服的比土气的便宜。如果一身旧衣服，公共电车的车掌会不照你的话停车，公园看守会格外认真的检查入门券，大宅子或大客寓的门丁会不许你走正门。所以，有些人宁可居斗室，喂臭虫，一条洋服裤子却每晚必须压在枕头下，使两面裤腿上的折痕天天有棱角。"[15]

"洋泾浜"培养出来的摩登之花香臭并存，既有破中国封建恶习，树现代文明之风的一面，又有殖民文化派生出来吮痈舐痔、挟洋自重的另一面。

14
西装领子的翻折部位称驳头，宽大的驳头领式称宽驳领。

15
鲁迅：《上海的少女》，《鲁迅全集》第四卷，人民文学出版社1981年版，第563页。

游泳运动无疑是时髦运动，这是
当时游泳运动员的时尚连衣裙

奥地利画家希夫（Friedrich
Schiff）30年代在上海所画的时
髦女郎

3."有损观瞻"的时髦女郎

　　新派女性或阔太太小姐们更是以海派洋装为美，洋货洋装的地位日渐
上升。秋冬季穿着西式窄袖细腰平领的长裙，下摆处微露二寸许的秀郎裙(内
裙)。衣料多用美法呢绒，如爱以呢、连理呢等，颜色多黄、橘、紫、灰、青；
春秋季衣料多为法兰绒、维兰绒等，色以浅灰、米色为多。夏装衣裙减短，
内裙露与不露俱可。西式上衣多为翻领，领型主要有尖、方两种；袖管遮臂，
袖口起荷叶边；衣质用轻质法兰绒、白艾绒、花绸玻璃花等，中国衣料也
有掺用。夏季蔽日除用花伞外，也有戴白色棉质软帽的，当然戴帽是一种时尚。
　　连衣裙有用乔其纱制成的，吊带式内衣清晰可见，胸及肩袖多有装饰。
女子夏日多穿无袖翻领西式上衣和及膝灯笼裤，或者及膝短裙。

　　……那个姑娘穿着件袍儿不像袍儿，褂儿不像褂儿的绒衣服，上
面露着胸脯儿，下面磕膝盖儿，胳膊却藏在紧袖子里，手也藏在白手

电影明星胡蝶身穿旗袍和裘皮大
衣，明星总是时尚先锋

套里，穿着菲薄的丝袜子，可又连脚背带小腿儿扎着裹腿似的套子。
头发像夜叉，眉毛是两条线，中国人不能算，洋鬼子又没黄头发……[16]

影星、交际花等女子的西式晚礼服装束，则更大胆、直白："那小娼
妇——你没瞧见呢! 露着白胳臂，白腿，领子直开到腰下，别提胸脯儿，
连奶子也露了点儿。"[17] 媒体叹曰"有损观瞻"。

作家茅盾 30 年代写就的小说《子夜》，里面那位财主吴老太爷刚从乡
里到上海，大上海给了吴老太爷极大的视觉和心理的冲击，最终令老太爷
身心崩溃的竟是那些摩登女郎的打扮：

他的眼光本能地瞥到二小姐芙芳的身上。他第一次意识地看清楚
了二小姐的装束；虽则尚在五月，却因今天骤然闷热，二小姐已经完
全是夏装；淡蓝色的薄纱紧裹着她的壮健的身体，一对丰满的乳房很
显明地突出来，袖口缩在臂弯以上，露出雪白的半只臂膊。一种说不

16
穆时英：《南北极》，湖风
书局 1932 年版，第 94 页。

17
同上书，第 102 页。

出的厌恶，突然塞满了吴老太爷的心胸，他赶快转过脸去，不提防扑
进他视野的，又是一位半裸体似的只穿着亮纱坎肩，连肌肤都看得分
明的时装少妇，高坐在一辆黄包车上，翘起了赤裸裸的一只白腿，简
直好像没有穿裤子。"万恶淫为首！"这句话像鼓槌一般打得吴老太爷
全身发抖。……老太爷的心卜地一下狂跳，就像爆裂了似的再也不动，
喉间是火辣辣地，好像塞进了一大把的辣椒。[18]

当时，还有洋派摩登女子直接穿着男式的翻领衬衫和西式长裤、背心、
西装。还有所谓"凉服"，即吊带式系带宽松连衣裙，或为郁金香型的系
带连衣裙，袒肩或露肩，灯笼短袖，外出时戴一顶宽沿草帽。

国人从未见过如此新式穿戴，故多怪多疑，议论不断："在冬天时光，
也穿着草鞋样的皮鞋，肉露露的丝袜，牛头式的单裤，开口跳式的薄衣"；
"近称摩登，薄衣单裤，雪地冰天，还把膝露，丝袜凉鞋，街头阔步……"[19]

18
茅盾：《子夜》，人民文学
出版社1961年版，第11页。

19
瞿绍衡：《摩登性寒腿病》，
上海瞿氏夫妇医院1935
年1月发行，第5页。

"照现在一般的装束，头上戴了绒帽，身上披了皮衣，下身穿的纺绸短裤，脚上穿的薄丝袜皮凉鞋，汽车出进的，倒还好受，那些坐洋车的，任凭一阵阵的西北风，尽往脚上吹……"[20] 据说，这就是当时的一种时髦病，叫摩登性寒腿病。

女子从 30 年代开始流行烫发，将黄色人种多有的直发加工为卷曲，谓之"摩登"。"电烫"这种改变直发的手段，深得女性们的信任和依赖。1927 年，只有上海静安寺路的华安美容院（当时叫华安美丽）有一台机器，烫发费用非常昂贵，每次要七八十元。后来机器逐渐增多，到 1934 年左右，烫发一次需十几元的花费。[21] 尽管价格不菲，但是，时髦的感召使女性们认定烫发为美。

4. "新生活"与运动

1934 年，南京国民政府发动了一场所谓提倡"新生活"的运动，并大张旗鼓地对这场所谓"精神方面的重大战争"进行了宣传。当时的第一夫人宋美龄是该运动的首席策划者。

史学界对"新生活运动"有不同的解读。但从蒋、宋的文宣资料上看，运动旨在改造社会道德与国民精神，是要试图改良国民的生活，提倡节俭、卫生、礼貌，并鼓吹妇女为改造家庭生活的原动力。不过，由于面向的是数千年来根深蒂固的生活习俗和贫穷民众，意识形态的巨大落差和实际操作的重重困难，加之推广中未能深入现实的形式主义，使得这场运动最终以徒有美好愿望的失败而告终。之后，有人把这个运动概括成"喝白开水、信教、提倡女权"。

这场急切而短暂的"新生活运动"成为了明日黄花，而中国大地上真正"新"的生活正在悄然地兴起。不可辩驳的是，知识界才是真正持续、广泛地传播新生活思想和方式的中坚。五四新文化运动的一个重要话题，就是中国"妇女解放"问题。林语堂先生在 1935 年写的那本著名的《吾国吾民》（又译《中国人》）里用了相当的篇幅分析了中国妇女的地位、婚姻、家庭、教育、姬妾、缠足和解放诸问题，并对 30 年代女性自身发生的变化发出了感慨：

20
翟绍衡：《摩登性寒腿病》，上海瞿氏夫妇医院 1935年 1 月发行，第 9 页。

21
当时的发型，要经过两道程序，先用"电烫"，然后"水烫"，依电烫的波纹，用软木梳夹住，再用吹风儿吹干，待头发完全干后，去掉木梳，完成一次烫发。考究的人，电烫了半个月或一星期，再到理发店去做水烫，改换样式，整个过程需要大约两个小时。

媒体配合南京国民政府宣传新生
活运动

女性敢于在大庭广众之下游泳，
这反映出社会意识已发生深刻的
改变

对妇女的幽禁现在已经一去不复返了。其速度之快，使那些十年前离开中国现在刚刚回来的人感到惊讶：中国姑娘们在整个物质与心理观念上的变化之大，使他们最深刻的信仰不得不发生动摇。这一代的姑娘在气质、装束、举止和独立精神等方面与十年二十年前的"摩登"女郎不同。导致这种变化是来自各方面的影响，然而，总的来讲，可以说是西方的影响。[22]

林语堂继续讲述的内容有：民国共和以后承认男女平等；新文化运动中批判"吃人的礼教"及男尊女卑等衡量标准；五四学生运动使男女学生卷入政治运动并开始男女同校；男女参政和北伐成功；妇女任职政府机关；南京政府公布法令规定男女均有享受遗产的权利；纳妾制度消失；女子学校兴起；1930 年以后女子文体风行一时，特别是女子游泳、人体模特写生等。林语堂还提到了女性服饰："在这里，中国姑娘们的适应性使每个人都感到惊讶；烫头、英式高跟鞋、巴黎香水、美国丝袜、高衩旗袍、乳罩（代替了以前的紧胸衣），以及女子游泳衣。"[23]

这是一个本土传统习俗受到外来现代文明强烈冲击的时代，可圈可点的还有与"天足运动"呼应的"天乳运动"。

束胸是中国封建文化中的一项愚昧发明，企图以压制女性的第二性征

22
林语堂：《中国人》，浙江人民出版社 1988 年版，第 144 页。

3
同上书，第 145 页。

这双有趣的三寸金莲绣着洋文作为装饰，以为时髦，也绣下了时代变迁的痕迹（钟漫天收藏）

简朴清雅、具现代色彩的学堂女生装扮摩登

一个刚刚从湖北来到上海的姑娘，
怯生生地面对着镜头，她的服装
不可避免地改变着，这是时代、
社会变化的必然结果（田鸣供）

民国青年的别样时髦——童子军装（陈实供）

梳辫与烫发，素旗袍与花旗袍，民国女青年不同的时尚
（陈实供）

前刘海，童花头，怯生生地面对镜头，颇似电影《城南旧事》中的英子（陈实供）

来达到禁欲的目的。身体呈现出来的天然曲线被封建礼教视为乱世之祸，必须加以遏制。因此，汉民族传统习俗要求女性束胸，各地女性的束胸衣各有不同，但基本上都是穿用紧束乳房的贴体内衣，尽可能地将胸部压平。这种束胸的要求与缠足一样，带给女性的是生理和心理双重的折磨。民国以后的民主人士、新派女权运动者都大声疾呼提倡"天乳"。一位名叫杨石癯的女士是倡导女子解放束胸的先锋人士，她单枪匹马地为争取妇女的最基本人权四处奔走呼吁，其艰难险阻是今天的人们难以想象的。

1927 年 7 月，国民党广东省政府委员会第 33 次会议，通过了代理民政厅长朱家骅提议的禁止女子束胸案，规定"限三个月内所有全省女子，一律禁止束胸……倘逾限仍有束胸，一经查确，即处以五十元以上之罚金，如犯者年在二十岁以下，则罚其家长"。报章称之曰"天乳运动"。"天乳"即自然天成的乳房，其"运动"旨在将女性双乳从束缚中解放出来。这种千年恶俗终于在民国时期终结，这对以后的旗袍等衣裳之线条美大有裨益。

1914 年上海基督教青年会修建了第一个泳池，但泳者甚少，直到 30 年代游泳渐兴。1931 年上海成立中国女子游泳研究会，当时女子游泳穿的与男子一样，是贴身背心和平脚短裤。虽说是体育运动，但是，发生在当时的中国绝对是一件了不得的大事，更何况还是裸露大部分身体的女性。林语堂一语点破：

> 从缠足到游泳衣真是天壤之别。尽管这些变化看似肤浅，实际却很深刻。因为生活就是由这些所谓表面的东西构成的，改变了这些东西，我们就改变了自己整个的生活观。[24]

所谓新生活令学堂女生的装扮摩登。年轻、朝气、有文化的女学生代表了新文化新生活的重要群体，时人称："民国时期的上海女子，只有两种打扮，要么是堂子里打扮，要么是学堂里打扮。旧派的学堂子里的，新派的就学女学生打扮。"也有堂子里的妓女模仿女学生，1930 年上海《金刚钻报》连载的鸳蝴派小说《十里莺花梦》里有一段对妓女莺莺的描写："疏疏打着几根刘海，鹅蛋脸儿，窄窄身材，穿件阴丹士林布旗袍，脚下一双黑

24
林语堂：《中国人》，浙江
人民出版社 1988 年版，
第 145 页。

漆镂花皮鞋，腋下挟了个书包，一副女学生的打扮。她对下人呵斥道：'懑大，你当我上学堂也打扮的出堂差一样吗？爱国布旗袍一件，本色面孔一只，那一个敢说我不是女学生？'"[25]

20、30 年代的女学生时尚是一缕穿透世俗污浊而年轻健康的新鲜空气，但到 30 年代中期后，在五花八门的新起时尚的覆盖之下，女学生装束的时尚标志，渐渐失去了时髦意义和示范地位，被各种各样眼花缭乱的更"新"的生活淹没。

5. 月份牌上的"新女性"

这个时期的我国"美术者"在商品广告画上很有点儿成就，那就是家喻户晓的月份牌广告画。月份牌广告画以应时的美女和时装为主要题材，在传递商品和时尚信息方面功不可没。

20 年代初，从老家安徽歙县出来的郑曼陀开创了新的月份牌绘画风格。他擅长于中国传统工笔仕女画，又学习了西洋水彩画和炭精擦粉画的技术。他以西洋素描和焦点透视的某些画法，先用"炭精粉"在画稿上擦出明暗和结构，然后敷染水彩，这种也被称为商业画法的擦笔画法，令画中美女光洁细腻、玲珑浮凸，具有类似照相式的写真美，以上海话形容则是"甜、糯、嗲、嫩"。

月份牌广告画是那个年代艺术风格的代表，并以贴近大众的形式深入人心。月份牌广告画最初是外国公司进入中国的一种广告形式。最早英美烟草公司就开始采用中国传统题材画成广告，配以年历，用胶版印刷机印成广告。这个广告策略很快被本土企业家发现并效仿。由上海的中法药房和大世界娱乐场创始人黄楚九发掘出了当时还在杭州的郑曼陀，要求他为自己的企业和产品画广告画，从此郑曼陀与弟子所绘的月份牌广告画形成一代画风。

月份牌广告画风靡了那个年代，是民国年代上海滩的民众生活、时髦心理最准确、最典型的历史写照。

30 年代形成月份牌广告画的基本风格，即摩登"美女"当先，产品广告及年历随后。这种形式上的主客体倒置，并不影响产品宣传推广，因为

25
擎云生：《十里莺花梦》春风文艺出版社 1997 年版，第 49 页。

月份牌广告画中的仕女端庄娇美，衣着时髦，巧笑倩兮，其时尚信息远甚于商品信息

30 年代，杭穉英使月份牌广告画渐渐脱离广告的内容，　30 年代奉天太阳烟公司广告（金梅生作）
成为独立的美人画

1932 年的月份牌华品烟草广告（杭稺英作）

30年代老晋隆洋行的花露水广告，但这种月份牌广告画更多地传递时尚信息（杭穉英作）

在现代广告策略中，漂亮的女性形象最能使广告产生"使见者注目而收招徕之效"。致使月份牌广告画上的美女画成为 30、40 年代中西合璧的仕女画，更成为具有鲜明民国特色的时装画。

月份牌广告画迎合的就是商品社会里市民大众的审美趣味，其鲜明的平民化、大众化、商业化艺术特征可媲美 60 年代国际流行的波普艺术。

商人和设计师在策划广告的过程中，将东方女性特有的美韵淋漓尽致地描画其间，创造出最具吸引力的宣传品。娇颜含笑的大美人儿身着旗袍，白皙的肌肤，改良旗袍塑造出的曲线，柔媚得呼之欲出，刺激着时尚男女的视觉与消费神经。刚刚摆脱了封建专制的人们迅然接受并追逐着摩登，此风恰恰反映了当时追求时尚的心理与社会背景。美，没有人会拒绝，东方女士形象与"驰誉各地""统办欧美洋广货品"的文字很快出现在绸缎庄、日用百货业的广告与礼品盒上，相比之下原来那土气的图案黯淡了色彩。[26]

月份牌广告画以千姿百态的摩登女郎延伸了关于都会现代性的美好想象。几乎所有的月份牌女性都是穿着时髦、身处舒适安逸环境的中产阶级女性形象。她们的形象代表了令人羡慕向往的新生活方式，因而被后来的学者认定为"商品新女性"。不仅如此，从文化学角度看，她们还具有作为"时髦新女性"代表的意义。因为随着对每一幅新月份牌画的期待，被传播的摩登已成为和日常生活相关的公众话语。

有意无意之间，月份牌广告画成为了时髦的载体，是在那个对时髦有着饥渴般需求的年代里，出现在都市生活里的一种特殊载体。

回眸各时期月份牌，便可品味其时尚变化的轨迹。1910 年代周慕桥所画的月份牌人物，主要是古装仕女和清末民初的袄裙高领装束的女子，画法以线描敷色渲染，基本上延续了中国世俗传统绘画的风格；20 年代郑曼陀笔下的女子完全如同"鸳鸯蝴蝶派"小说，她们穿的是民国初年流行的喇叭管袖的圆摆衫袄，发型是相当普通的燕尾式刘海，女郎们的举手投足和表情气质还是旧时的羞怯退缩；到了 30 年代，郑曼陀、金梅生、杭穉英画的月份牌女子则是现代摩登女郎，而这一时期正是月份牌的黄

26
由国庆：《再见老广告》，百花文艺出版社 2004 年版，第 75 页。

金时代，也是中国旗袍的黄金年代。此时的月份牌美女几乎都穿着旗袍，体态修长健美，神情大方怡然，而且"笑可露齿"了。服装则以高领短袖居多，发式以烫发卷发居多，有的在旗袍的外面穿西式外套或毛衫，甚至还有的画家刻意画出面料的薄透，表现出隐露胸罩的性感打扮；40年代月份牌里的美女无论在衣着还是姿态上都更加开放，西化的装束渐成主流。

月份牌广告画，记录了一段社会演变的陈迹，可叫人细细品味揣摩这十里洋场中的文化杂俗。

6. 男女装的民国模式

自南京国民政府颁布新的服制令以后，民国初年制定的西洋燕尾服作为大礼服的制度正式退出历史舞台了，同时退出的还有那些东洋式的军服。通过前二十年的摸索，基本确立了民国模式的男装品种：西装、中山装、长衫马褂、军装及各式学生装。

西装在这一时期越来越普及，已成为新派人物的象征，成为一种时尚，政要、商人、知识界和都市职员等必备。中上层人士通常都穿戴西装、皮鞋、呢帽等西式装束，"以示维新"。大都市里的穷职员也往往不得不装备旧西

1937年沈钧儒、邹韬奋等七君子出狱后与马相伯、杜重远的珍贵留影，记录了中国知识精英或中或西的典型穿戴（上海韬奋纪念馆供）

服一套，为的是求职或虚荣，故上海有所谓"洋装瘪三"的揶揄。

民国男子的日常西服，面料多采用进口呢绒，有单色或几何暗格纹，本白亦为时髦色。上装大多为稍稍夸张的宽平驳领，领子外缘约一厘米处多有明显的装饰线迹，或者用略浅色缎作内领拼接，纽扣有单双排两种。西式长裤底边有二至三厘米的卷边。配以西式衬衫、西服背心穿着。1936年著名的"七君子"中的邹韬奋、章乃器、王造时、李公朴、沙千里都喜爱穿着西装，代表了当时知识界精英的衣着喜好。[27]

中山装自南京国民政府后，逐渐成为当时党政要员的首选服式。从诞生之日起，中山装便具有政治内涵，国民党和政府中的政要、官员、公务员喜着该服，其中不乏追随国父之意，也算是一种政治时尚的追逐。尤其政界中人，相互效法，以为非此不能厕身政界。当时政界里，中山装和西装、长衫并举。正因为中山装具有政治象征性，民间穿着者较少。

这时的中山装已经由原来的七粒纽扣改为五粒，其基本形制并无改易，但一些细节也有变动，如胸前口袋褶裥不尽相同，且袋盖的倒山形也小有变化。中山装与军装在形制上互有影响，当时的军服也都基本与中山装样式类似。一般中山装用料要求不高，国产棉布即可，较合乎战时国情。

随后，苏区的中共领导人也穿着中山装，使得中山装得以跨越政治歧见，长久地存在于中国的社会生活当中。

长衫仍然是中国男性经常穿着的服装，加上西式长裤、皮鞋或布鞋，形成民国式穿着搭配，并可在政界活动中作为礼服。知识界中尤盛长衫，相当多的学者教师经常穿着长衫，如蔡元培、鲁迅、沈钧儒、胡适、林语堂等。这种穿戴，成了30年代中国文人的经典装扮。长衫用料通常有绸缎或棉布，色泽视面料而异，通常为深色或灰色居多。秋冬季还需加厚，亦叫长袍。马甲还保留着，但马褂却是渐渐淡出了，只是并未完全退出历史舞台，一些德高望重的中老年人始终爱着马褂见客，到40年代也仍视其为礼服。

这个时期战事频繁，政界要员中军人居多，所以军服也成为当时重要的礼仪装束之一。

27
1936年11月，国民党当局将呼吁抗日的知识界领袖人物沈钧儒、邹韬奋、章乃器、王造时、李公朴、沙千里、史良逮捕，关押在苏州高等法院看守所监禁，激起社会强烈不满，史称"七君子"事件。

中山装至 30 年代逐渐定型并普及，成为西服与长衫间的新颖服式（傅冲供）

30 年代的文人喜着儒雅长衫，图为学者周氏五兄弟手执毕业证书，被戏称"五子登科"，摄于 1935 年

长袍仍是传统文人的习惯着装，儒雅且具风骨（余金芬供）

生活书店职员 1937 年留影，文雅率真的年轻人多着长衫

旗袍和西式外套是知识女性常用的搭配（王善兰供）

女青年们的冬装通常也选择棉旗袍（余金芬供）

196

南京国民政府时期，西服、长袍马褂、中山装和军服逐步成为正
式礼仪服饰（原载 1935 年《大众生活》第 1 卷第 2 期）

1938 年生活书店抗日宣传队的穿着（生活书店旧影）

西式职业女装是民国都市女性的时髦装扮，此为 1934 年 10 月《妇人画报》封面（郭建英作）

　　一般下层贫民、劳动阶层的服饰变化不大，棉质中式衫褂和中式布裤。经济决定时髦，时髦仰仗经济，这大抵是不错的。

　　虽然1910年代妇女的装束仍继续着，圆摆阔袖窄身大襟立领及腰短上装，下着及腓部的褶裥裙，半高跟皮鞋、童花头，但已形不成主流。摩登时代到来，旗袍、洋装已是这一时期的主要流行服装。

　　旗袍是最流行的民国妇女装束之一。30年代的旗袍出现了较多样式：衣长有短有长，有长及足踝的，也有短至膝部的；有宽松舒适的，也有极为紧瘦的；有长袖、中袖，也有短袖。大部分旗袍以面料的色彩图案做装饰，也有讲究的用镶、滚、绣等装饰手段，在旗袍上钉绣花瓣，或者是宽沿边。装饰手法虽较清末简单许多，但并不乏新意与精巧。也有学校把短至腓部的旗袍作为女学生的校服。

　　到30年代，传统的中式长裙在都市基本上已无人穿着，妇女们除了穿着旗袍，其次便是袄裤。袄裤的风格是比较宽松、随意，但不新潮。不过这时的袄裤也有所不同，裤子开始采用西式裁剪方式制作，肩、胸、袖的裁剪都较为称身合体，自腰以下逐渐放松，显得随意、舒适。30年代初又开始流行高领，但不同于清末民初的高领，不再包住脸颊，而是围住脖颈，直抵下巴。传统的袄裙还保持在传统家庭的女性身上，宽松且拘谨，多少都显得与时代潮流不合。在都市以外的广大地区，妇女的穿戴不如大城市女性来得开放，所以袄裙、袄裤仍为女装主流。

　　西式服装是大都市女性追羡的，富家女性或交际明星，崇尚民主政治或妇女解放的知识女性都喜穿西式衣裙。邹韬奋回忆"七君子"被国民党逮捕时的情形，他记下了史良的穿着：

　　　　瞥见有两三个人也夹持着史良女律师在前面走。她身上穿着西式的妇女旅行装，上身穿的好像男子西装的上身外衣，下面穿的好像水手穿的广大裤脚管的裤子，外面罩一件女大衣，全身衣服都是黑色的。[28]

　　史良是著名女律师，服饰装束上基本西化。西式服饰是知识女性的代

28
邹韬奋：《经历》，《韬奋文集》第三卷，三联书店1957年版，第89页。

大众生活

第一卷　第六期

「大众起来！」
北平學生救亡運……

号召国货与救亡运动在当年同样轰轰烈烈

阴丹士林布广告

表性穿戴，被视作追求新思想、新文化的外化符号，完全不同于那些摩登女郎对西式服装的心理期待。

西式女装主要品种是连衣裙、职业女性的西式上衣和短裙、美式牛津裤、呢质大衣、毛皮大衣、高跟鞋、玻璃丝袜等。这个时期的女性释放出无限的创造力，她们能结合自己的喜好、体形设计出中式、西式、不中不西、半中半西的服装，样式异彩纷呈。

当时媒体有关于高跟鞋的议论："试瞧一般时髦女子，在马路上走，总得听见她们脚底一阵阁阁的响。……其实这种高跟皮鞋，脚尖着力，脚跟伶仃，没穿惯的一步难移；就是穿惯了的也并不舒服，但是她们竟乐此不疲。究其实，仍不过醉心欧化，不是这样，不算时髦！"[29]高跟皮鞋是30年代都市女子必备的行头，也随当时西方流行而变化，日间有各色花纹的皮鞋，夜间有各色缎质软拖鞋。丝袜的种类较20年代更为丰富，网形纹、

29
肇平：《欧化？偏不欧化！》《女光周刊》1930年第卷第1期，第2—3页。

矢形条纹,有咖啡色、黑色、白色、肉色等,1935年曾经一度流行不穿丝袜。《新天津画报》称:"鞋跟愈高愈妙,袖口愈短愈佳,上身穿着大氅,下身赤着双足……成心不穿丝袜,反在脚面脚胫之上,画上各种花卉。"[30]

7. 救国与国货运动

中国服装产业起步很晚,起点很低,早期的服装业处于自给自足自然经济的状况下,由裁缝铺或游走上门的裁缝手工单件裁制,服装的成衣化水平极低。

到了30年代,大城市已经有了一定数量的成衣店,其经营模式以前店后厂(场)的方式进行,有些棉针织内衣、纱袜等已出现机器生产。

民国时期的上海女时装店,集中开设在公共租界的静安寺路,从西摩路口(今陕西北路)到同孚路口(今石门二路)一段。当时比较有名的时装店如1927年由徐志摩夫人陆小曼和《大陆报》主笔唐谀庐之妹、上海著名的交际花唐瑛发起的所谓"空前之美术服装公司",即"云裳公司",以及上海著名的女装店鸿翔服装公司,由浙江奉化籍女装裁缝金鸿翔、金仪翔兄弟在20年代合股开设,都在静安寺路上。东首的同孚路上,除了中西式时装以外,还有专卖内衣、鞋袜、花边、纽扣以及各种女用小饰品的店铺。

时装店出售成衣的比率很小,绝大多数顾客都是到店里选定衣料和式样后,由裁缝度身制作,缝制过程中还要试样,讲究的顾客要试样三到四次。所以每家时装店都自设工场,较大店家的工场中工人有几十名之多,裁剪、缝制、熨烫等有严格分工。

云裳公司开业相对较晚,公司打出了20年代最具号召力的"美术"两字作为旗号,开业的头几天由唐瑛、陆小曼两位女士,亲自招待女顾客,或代试鞋样,或代穿新衣。[31]据说三天做了两千多块钱的生意,很有点"名人炒作"的商业谋略。她们提出云裳公司"1.采取世界最流行的装束,参照中国人衣着习惯;2.材料尽量采用国货,以外货为辅;3.定价力求低廉,以期普及"。

云裳公司的广告称:"要穿最漂亮的衣服,到云裳去;要配最有意识的衣服,到云裳去;要想最精美的打扮,到云裳去;要个性最分明的式样,

〔女〕未来之装饰》,《新〔天〕津画报》1933年4月〔 〕日。

〔 报〕》1927年8月8日〔 〕10日、《北洋画报》〔 〕27年8月27日(第〔 〕期)均有"云裳"开〔 〕的文图报道。其中周〔 〕瘦鹃文《云想衣裳记》备〔 〕其事:"云裳公司者,专制妇女新装束之新衣肆也。创办者为名媛唐瑛陆小曼二女士与志摩宋春舫江小鹣张九景秋诸君子……筹三月,始搞就绪。涓吉七月十日开幕……任总待者为唐瑛陆小曼二士,交际社会中之南斗北斗星也……"

到云裳去。"以上种种可以体会出云裳女装的自信自负，这种自信自负同时也是 30 年代以后上海时尚所具有的领袖气质。如果说民初曾弥漫过对洋装的盲目崇拜之风，那么终于在 30 年代，一些"文明过了的文化人士"，在纷纷扰扰的外来文明冲击之下，说出了生活"美术"化的字眼。尽管这里"美术"的标准，也还是参考着外来文明而来，但是毕竟出现了些许中国自创的特色，某些不中不西的设计毕竟是中西服饰符号的相融，其好坏优劣则见仁见智。

开埠以来，洋货在中国市场的倾销，给本来就几乎等于零的民族工业带来极大的冲击。民国以来，中日、中美等政治、军事、贸易上的冲突，都曾迫使国民与商家发起过多起国货运动。

1915 年，上海成立"劝用国货会"，提倡民众选用国货，以期"增进社会之道德，发扬国民之爱国心"。天津商会以"维持国货为当前之急务"，鼓动各界人士创办实业，并为提高国货的质量，于 1916 年 10 月开办了国货展览会，互相观摩，以求竞进之技。

从清末到民国，中国民族工业有了长足的发展，尤其以纺织行业逐步形成以大机器生产的产业结构。从天津民族工业的统计表来看，资本额最多的是纺织工业，厂家数最多的也是纺织工业。从 1916 年到 1922 年短短六年时间，陆续建立了机械化程度很高的华新、裕元、恒源、北洋、裕大、宝成六大纺纱厂，资本总额 189 万元，增加纱锭四十四倍之多。1925 年后各厂开始用较大宗的人造丝为原料。此外，内部分工越来越细，还开始建立了机器针织业、提花业、毛巾业、地毯业等。

宋则久是位天津爱国实业家，他提出"救国必救穷，救穷必先提倡实业，提倡实业必先维持国货"。他着手开发了名为"蟹青二蓝灰色充棉缎爱国布袍面"的爱国布，其后经过多次改良，达到了能与洋人机织布匹敌的质量。1910 年后"爱国布"成了天津纺织业发展的动力，也成为时髦的旗袍面料。

民国时期的国货运动虽然是民族资本与外国资本进行竞争的手段，但值得注意的是其中反映了弱势民族的一种民族主义情绪，反映了民众对当时帝国主义侵略我国的强烈愤慨。这种民族主义情绪支配下的消费意识，对民族资本的发展、对国民爱国情操的培养不无好处。在内忧外患的年代里，国货意识在当时的民众中获得空前的认同，使用"国货"曾经成为遍及全国的一种时尚行为。

在30年代的许多媒体广告上，经常都是堂堂正正地写上"完全国货"的广告词，如"完全国货，章华呢绒""鹅牌卫生衫裤，告称国产上品""老牌国货，阴丹士林布"等。当时流行的阴丹士林布大多为国产，因此也被称为"爱国布"，用阴丹士林布制作的旗袍，在20年代开始出现，一直盛行到抗日战争期间。

从这些广告词里可见，"完全国货"是促销口号，也是时尚广告，宣传"国人当自强"溢于言表之辞。更有甚者，有些广告就是一篇篇爱国救国的政治檄文。上海安禄棉织厂的广告词如下：

> ……舶来品之销路，有如水银泻地，无孔不入！凡我国民，须注重实际，不务虚荣，提倡布衣政策，实为目下当务之急！

五和织造厂、中华厂等企业的广告《提议》称：

> 今天早晨起身，大家静默五分钟，将各人所接触之日用品，加以良心上之检查，是否穿国货之鹅牌卫生衫，是否用国货之用品……
> 国人从此下一最大决心：非国货不穿，非国货不用，非国货不吃。

就连以洋服见长的鸿翔公司也在1934年登发一则广告《鸿翔公司启事》：

> ……敝公司创始十八年，五年以前，专制欧美女士服装。近来鉴于国人服装日新月异，因此兼辟时装，经营以来，素抱提倡国货为标志。间有一二舶来品，实因国货中无相当代替品，不得已而用之。初非本意，近来美亚大美丝织厂等厂与敝处交易极大，可见敝公司提倡国货之实在，故望国内织造厂如能新出品可以代替舶品者。……总之，鸿翔为完全国人资本，国人制造……为国内妇女界谋美化服装之普遍。[32]

32
《申报》，1934年12月1日。

时代变迁中的新与旧、土与洋（田鸣供）

支持国货已成为一呼百应的社会大潮，近代史上，这是中国的政府、工商界和广大民众共同面对列强，于商业竞争中一次难得的成功结盟。

初来乍到的都市文明都会给人留下深刻的记忆，《上海摩登》的作者李欧梵记录了他童年第一次接触都市文明的经历："有一天清晨，外祖父叫我出门到外面买包子，我从五楼乘电梯下来，走出旅馆的旋转门，买了一袋肉包，走回旅馆，却被旅馆的旋转门夹住了，耳朵被门碰得奇痛无比，我匆匆挣脱这个现代文明恶魔的巨爪，逃了回来，后却发现手中的肉包子不翼而飞……"[33] 同样又爱又恨的感受表现在茅盾的小说《子夜》里，小说从一开始就用大量笔墨列数了当年的现代文明：雪铁龙汽车、电话、电灯、收音机、雪茄、香水、高跟鞋、电扇、沙发、法兰绒时装、啤酒、苏打水、巴黎女装等，这林林总总的现代物件夹裹着一个英文单词 modern 或法文 moderne 风靡了中国，这个洋文有了一个谐音的中文译名"摩登"，恰是这个字眼给这个时代烙上混沌、刺激、矛盾的印迹。

初涉现代文明的国人认同"摩登"，消费"摩登"，囫囵吞枣似的享受着"摩登"。1923 年上海有了第一家无线广播电台，首播的当晚就播放了爵士乐，这在当时西方最为时髦的音乐流入了上海人的耳朵。30 年代的上海人将爵士乐和着月份牌上的旗袍、烫发、红唇、高跟鞋，一而再再而三地复制着一个概念——"摩登"。

1937 年 7 月，正在努力追赶世界的华夏民族，耳边再次响起侵略者的炮声，更残酷的战争、更艰苦的生活降临到了中国人民的头上。抗日战争时期，从整体中国来看，服装服饰的发展是停滞的，甚至是倒退的，只有少数口岸城市的租界里依然灯红酒绿，华服盛装……

33
[美] 李欧梵：《上海摩登：一种新都市文化在中国 1930—1945》，北京大学出版社 2001年版，第 3 页。

第 五 章

1940年代

进入 40 年代，旗袍已经成为最能体现东方女性特点的国服（许觉民供）

第 五 章

1 9 4 0 年 代

中国人民经历了艰苦卓绝的抗日战争，终于取得了胜利。

1945 年 8 月 28 日，一架草绿色的飞机降落在重庆九龙坡机场，毛泽东微笑着走出机舱，他是来渝参加国共和谈的。一位记者写到："我看到他的鞋底还是新的。无疑的，这是他的新装。"耐人寻味的是次日蒋介石与毛泽东的一张合影，其中国共两党的领袖穿了一样的服装：中山装，仅仅只有色泽和细节上的差别。衣服是相同的，政见依然不同，重庆谈判最终破裂。

显而易见，为了这次和谈，毛泽东与蒋介石是用心选择服装的。政治人物于公开场合的服装必是表明政治态度、立场、观点的符号工具，有时甚至是刀刃暗藏的利器。

1946 年 5 月，蒋介石回到国民政府的都城南京，还都典礼上的他身穿五星上将军服，暗喻抗战的胜利。但在两年后，对总统就职典礼穿什么服装的问题上，蒋介石居心叵测地与面和心不和的副总统李宗仁斗法。后来，李宗仁在回忆录中记述了这次的服装斗法：

按照政府公布，总统与副总统就职日期是五月二十日。我照例遣
随员请侍从室向蒋先生请示关于就职典礼时的服装问题。蒋先生说应
穿西装大礼服。我听了颇为怀疑，因为西式大礼服在我国民政府庆典
中并不常用，蒋先生尤其是喜欢提倡民族精神的人，何以这次决定用
西服呢? 但他既已决定了，我也只有照办。乃赓夜找上海有名的西服
店赶制一套高冠硬领燕尾服。孰知就职前夕，侍从室又传出蒋先生的
手谕说，用军常服。我当然只有照遵。[1]

显然，民初的西式大礼服到 40 年代已不合时宜。不过，就职典礼上
穿军服不甚妥帖，这一点李也"深感到身穿军便服与环境有欠调和"。

到 5 月 20 日，南京市的各通衢大道上悬灯结彩，爆竹喧天，总统府
内金碧辉煌。参加典礼的文武官员数百人皆着礼服，鲜明整齐。各国使节
及其家眷也均着最华贵庄重的大礼服，钗光鬓影与燕尾高领相互映照。副
总统李宗仁突然发现自己在衣着上被蒋介石戏弄了：

孰知当礼炮二十一响，赞礼官恭请正副总统就位时，我忽然发现
蒋先生并未穿军常服，而是长袍马褂，旁若无人地站在台上。我穿一
身军便服伫立其后，相形之下，颇欠庄严。我当时心头一怔，感觉到
蒋先生是有意使我难堪。[2]

正如孔夫子所言："服之不衷，身之灾也。"蒋介石的一身长袍马褂，
似乎显得儒雅、得体。李宗仁却遭到了一次不见血光的暗算。这一年，蒋
介石虽然利用服装赢得一小着，但在内战战场上却大盘皆输。

1. 民国时尚素描

到了 40 年代，民国的时尚风貌已经基本形成。

长袍马褂已不是主礼服，但也未完全退出历史舞台，通常是德高望重
者或老者穿着。而西服、中山装及当时的军服是重大场合的礼仪服装。于
平日一般场合，西装、中山装、长衫等是政要、官员、职员、教师、知识

[1] 李宗仁口述、唐德刚撰写：《李宗仁回忆录》，华东师范大学出版社 1995 年版，第 653 页。

[2] 同上书，第 654 页。

政见不同，衣着相同，同穿中山装的国共两党领袖于重庆谈判期间的合影

西式服装进入大城市的普通家庭，这个中共地下党员家庭的穿戴在当时的上海相当趋时（袁信之供）

分子的主要服装，且形成了某些约定俗成的衣着习惯。

　　通常政界人士、洋行职员着西服；党政官员着中山装；知识分子中有的只采长衫、长袍等中式传统打扮，另有些人则着西装，还有些人中西两式都穿。冬天则穿西式大衣或棉袍。劳动阶层的衣着一般变化不大，基本装束依旧是中式褂袄和缅裆裤。

　　40年代末西装是上海等沿海大都市中上层男性的主要服饰，当时，上海西服店竟达七百余家之多。海派男士的摩登样板是好莱坞明星克拉克·盖博（William Clark Gable），他那摩登的西服和油光的发型风靡一时。40年代流行粗花呢西装，三粒纽，也有夸张的平驳箱型西装。西装外套和大衣的肩部加有明显的厚垫肩。双排纽西装比30年代更为多见，外形较20年代宽松。

　　时髦的男子喜穿轻佻的大几何纹面料西裤和外套，色彩多浅色。夏日则流行穿白色以及大花卉纹或几何图案纹样的短袖衬衣和浅色西裤，西裤腰节较高，裤脚常有两厘米左右的翻边。

　　美式夹克是抗战后开始流行的。短款夹克是美国空军的服装，人称艾森豪威尔夹克。年轻小开们喜穿夹克，同时还佩戴一副"雷鹏"墨镜。

　　另外，还有闲适的各式绒线衣加西式衬衣、长裤的搭配。上海等大都市的男性愈发追求西洋生活方式，衣着打扮也更西化了。

　　西式衬衣开始了较大面积流行。40年代前期，由于战争的影响，上海

海派服装成为40年代的时尚，这是演艺人家的海派装束（黄宗江供）

消费水准降低，进口衬衫数量减少，国货产品由于相对低廉，开始在市场上崭露头角。在国货衬衣市场上占绝对优势的是司麦脱衬衣。司麦脱衬衣品牌是 1933 年由本土商人傅骏良独资创办的，其产品成为当时男士的必备。40 年代衬衣领子普遍比 30 年代的要长、要尖，夏季衬衣领及前胸口袋常用同质异色镶拼。

都市男子一般西式分头，吹风抹油，多无鬓角。尤其是一种吹得高耸的发型，通常被称作飞机头、阿飞头。民间还保留着过往的一些发式，如短寸、光头等依旧。

40 年代女子的主要服装是旗袍，形成近乎一统天下的局面。除了旗袍以外，都市女性也开始大量地穿着西式女装。

在抗战时期作为"孤岛"的上海以及战后的上海，女装中西式服装已不少见。《良友》等杂志和月份牌画，于有意无意之中推介了西式服装。不过，出于经济拮据和穿着习惯，社会上出现更多的是自行设计或改良的西式服装。宽下摆连衣裙上加了中式双滚边的立领，长外套加了浪漫的灯笼袖。不过，抗战时期的服装明显笼罩上了战争的阴影，女子服装也变得简单，多了许多的仓促和简陋。女子洋服趋于中性和简洁，这种风格一直持续到抗战结束。工装和各种连裤衫、前开襟翻领西式连衣裙、背带裙以及款式

艺术家穿的时髦短夹克与西裤，
在当时十分洋派和摩登

进步青年一般喜欢穿中山装、学生装和西装，女青年在素雅旗袍外添穿毛衣

旗袍、长衫、西装和西式女装汇成民国的时尚风景（黄宗江供）

40年代海派装束：洋装革履，吊带短裤长袜（袁国新供）　　海军衫式的童装是当时的摩登（袁国新供）

简洁的衬衫，成为许多女人必备的行头。各种方格呢料的小翻驳领男式西装，甚至军装在战争期间也曾在女子中流行，这类装束曾遭著名画家万籁鸣嘲笑："说你是男，怎么有卷乱的青丝，妖艳的桃腮；说你是女，应没有挺直的下裳，祖成的戎装：既扑朔，复迷离，摸不着十二丈金刚。"

　　抗战期间，国货运动以来的节俭意识被大多数人认可，经济、美观、协调、卫生、健康成为抗战时期的审美观。有人将女子旗袍外套的短上衣设计成"两用新装"，样式非常简单，到服装公司定制一背心，在袖口处钉一圈揿纽，再定制一长一短袖子，在袖端同样也钉一揿纽，这样日间外出可取短袖，夜间出行又可换长袖，甚至各色袖式俱备，提供选择。抗战后期还有人建议用零头布料拼裁服装，以节省布料。

　　1942年，社会上还曾经提倡过"布鞋运动"，谓："做一身西服在战前就需数十元，多则百数十元，目前起码的西装非上千元不可，所以穿着的

上海城市知识阶层衣装（余金芬供）

上海洋行职员家庭，浅色西装，无袖旗袍，高跟凉鞋，西式童装

民国时期的冬装还是中式棉长袍、棉旗袍居多（郭联庆供）

长袍与美式夹克——当时年轻人不同的着装选择

1947年上海交大工业管理系毕业合影，教员着西装、长衫、旗袍，学生则一律西式衬衫和西裤（郭联庆供）

火车车厢前一批西装革履的都市读书人，颇似钱锺书小说《围城》里内迁途中的人物

江南富裕家庭的聚会，女性皆着旗袍，男性长衫、西装都有（余金芬供）

都市职场中西式穿戴十分普遍，摄于 1948 年（徐广亨供）

职业知识女性是女西装的带动者（杨士琦供）

旗袍上配短外套或针织毛衫是民国知识女性的最爱（张平和供）

40年代都市女性的发型摩登与传统并行，烫发、卷发与直发、留髻并存

上海的女子中学以旗袍为校服，摄于 1947 年（郭联庆供）

1948 年上海街头（杰克·伯恩斯摄）

人尚不是十分的多，但脚上一双皮鞋，在五六年前不过数元……百物上涨，为减无谓消耗，提倡布鞋运动。"[3]

1945 年抗战胜利以后，国民党政府接收大员和躲避战乱的社会中上层纷纷返回，掀起了一股疯狂的消费热潮，上海、南京等大都市一时间又恢复到战前的歌舞升平，有媒体刊文：

> 鸿翔最新式的六千元一件玄狐女着冬大衣，定购者大有人在，兰苓、红霞、蓝天女人的时装公司，虽然料子感到缺乏，但也却忙得不可开交，培罗蒙四五百元的一套西装，至今并不缺乏主顾，其次，如裕昌祥、王兴昌、惠罗，几家定做衣码的簿子，也是终日被翻来翻去，无有一刹清闲，四川路、霞飞路的西装店，也是作一件卖一件，存货不多。永安公司上等香水，早已售罄，如今只有每小瓶八元六角的"夜巴黎"，十元一锭密丝佛陀的大号"口红"，少奶奶小姐们，围着柜台正在抢购欧米茄厂金表，51 型派克钢笔，上克拉的钻戒，市面似已少见，但有不少人在托人情收买。再看看四大公司和南京路上的大百货店、绸缎庄，那天又不是人满？[4]

嗣后，女装的样式和用料日趋丰富多样，西式服装和旗袍争奇斗艳。连衣裙的下摆一律在小腿中部，面料图案流行大朵花。女子穿裤装、工装裤的也颇为普遍。

40 年代以来，都市女性的发型更加矫饰、夸张，流行中长烫发，花形有大小两种。三七侧分，有无刘海两种。前额、鬓及脑后电烫。有束发带长发披肩者；有盘各种发髻者；也有梳两辫，然后交叠盘于耳后者；知识进步女性，往往留短发，发长齐耳，也有烫发、直发两种。

这一时期西式童装也随之流行，女童最时髦的衣服是泡泡袖方领或圆领衬衣加格纹背带及膝短裙，烫发，戴发带或发夹。男童有吊带西式短裤加西式衬衫、皮鞋。当然，这些西式童装仅限富贵人家子女穿着，平民家孩童装还是穿着简朴中式服装。

衡：《布鞋运动》，《女声》杂志 1942 年第 3 期，第 ⃘ 页。

上海：挥金如土的不夜城》，《大公报》（天津）948 年 10 月 13 日第 5 版。

2. 旗袍，再度黄金时代

无论是战争时期还是战后时光，40 年代的旗袍依旧是女性主要衣着。

抗战期间，经济萧条，物资匮乏，尺丝寸缕也非常昂贵，国民无心装扮。政府和民间都呼吁厉行节约救难，提倡"穿旧衣"运动，甚至要求做新衣也采用纯粹土布。有一年的元旦，《申报》倡议："二期抗战，经济重于军事，定元旦起推行经济抗战运动——更要注意身上穿的都是国货。"抗战时期，旗袍大都采用国产棉布或普通毛蓝布。旗袍的整体风格也趋于简洁，衣身宽松适度，便于活动，也更经济。流行变化不如 30 年代迅捷，40 年代的旗袍下摆不复 30 年代及地之风，长至腓部。

这时旗袍简化了许多的华丽装饰，仅保留了领子上盘扣的精巧。旗袍的领子趋低，以后甚至出现无领旗袍。同样，袖子也愈来愈短，甚至无袖。款式更趋简洁、适体，用料崇尚简朴，无袖的斜襟和双开襟旗袍悄然流行，[5]40 年代的中国女装似乎与当时战争背景下的国际流行趋势同步，做的全是减法。张爱玲在《更衣记》里描述得丝丝入扣：

> 近年来最重要的变化是衣袖的废除。（那似乎是极其艰难危险的工作，小心翼翼地，费了二十年的工夫方才完全剪去。）同时衣领矮了，

5
中式衣衫（包括旗袍）⋯
是斜向右衽门襟，故⋯
斜襟式大襟。双开襟指⋯
国旗袍的一种衣襟，形⋯
左右两侧开启，实左门⋯
为装饰。

左：胡珊和当年的影星名媛一样，担纲了那个年代的时装模特

右：电影《马路天使》是周璇的成名之作，银幕内外她都喜着旗袍

袍身短了，装饰性质的镶滚也免了，改用盘花纽扣来代替，不久连纽扣也被捐弃了，改用揿纽。总之，这笔账完全是减法——所有的点缀品，无论有用没用，一概剔去。剩下的只有一件紧身背心，露出颈项、两臂与小腿。[6]

抗战胜利以后，都市女性的旗袍再度辉煌。30年代基本定型的现代旗袍样式得到了延续。到1946年后的旗袍下摆停留在小腿中部，裁剪合体，体现出东方女性的曲线，尤其适合体态丰腴的少妇。电影明星胡蝶体态丰满，穿上旗袍显得仪态万方，雍容华贵；其他明星周璇、王人美等也常常身穿旗袍在电影里和生活中出相；周璇在《马路天使》里穿的布旗袍，清纯俏丽。明星名媛担当了那个年代的时装模特，加上月份牌摩登美女的引领，旗袍的发展更入佳境。

旗袍基本上成为中国女性唯一的时髦穿着，谓之女性的"国服"。无论是大家闺秀还是小家碧玉，都会因穿上一袭旗袍而平添摩登风情，旗袍的风格内敛而不张扬，优雅而不轻佻，贤淑而不争艳，实与国人的审美心理和中国女性体形特征十分契合。

1947年9月，宋庆龄主持了一个盛大的中秋游园会，参加游园会的是上海文化界的诸多名人，当时的《女声》杂志着重描述了嘉宾们的衣着：

> 孙夫人上午就来了，她穿了一件白地黑碎花的长旗袍，上罩白麻布的上装；"梅龙镇"老板娘吴湄穿了件酱色的旗袍；明星黄宗英是持麦克风的主持，她很朴素地穿了件深蓝长袖旗袍……游园会晚上七时开始，孙夫人换上一件深蓝地白碎花的长旗袍，同样料子的披风，短及手肘；胡蝶穿的是粉蓝的短大衣，鸭黄的短旗袍，全高跟的皮鞋；白杨穿着深咖啡长袖旗袍，橙红的呢背心，蛇皮的高跟鞋……游园会几乎成了旗袍大观园。[7]

40年代，女性们迎来了又一个旗袍的黄金时代。

通常，人们把民国时期的各个时段旗袍混为一谈，其实，20年代到40年代之间，旗袍的样式不尽相同：从20年代发轫，到30年代基本定

张爱玲：《更衣记》，《流言》，浙江文艺出版社2002年版，第85页。

孙夫人主持下的中秋游园会》，《女声》杂志1947年9月，第16页。

型，40 年代趋于成熟。40 年代后的旗袍，除了在领、袖、下摆处的变化外，更多在旗袍工艺上、装饰细节上有不小的改良，成熟的装饰手法和工艺技术令现代旗袍更加完美。

旗袍之美是可以清晰记住的：

　　她身着青色暗花软缎通袖旗袍，那袍边、领口、袖口都压镶着三分宽的滚花锦边。旗袍之上，另套青袖背心。脚上，是双黑缎面的绣花鞋。一种清虚疏朗的神韵，使老人呈现出慈祥之美。系在脖子上的淡紫褐色丝巾和胸前的肉色珊瑚别针，在阳光折射下似一道流波，平添出几许生动之气。

　　…………

　　黑缎暗团花的旗袍，领口和袖口镶有极为漂亮的两道绦子。绦子上，绣的是花鸟蜂蝶图案。那精细绣工所描绘的蝶舞花丛，把生命的旺盛与春天的活泼都从袖口、领边流泻出来。脚上的一双绣花鞋，也是五色焕烂。我上下打量老人这身近乎是艺术品的服装……

这位穿着"近乎是艺术品"旗袍的老妇人，是五六十年代中国"最后的贵族"——康有为的次女康同璧。她的旗袍显然是 40 年代的作品，足以代表 40 年代上流社会女性衣着的最高水平。

当时旗袍在工艺技术上又有进步，胸部收省渐渐加强，以传统熨烫归拔配合的收胸腰省；结构上既保留有传统的连袖，也采用西式装袖。装袖款式令女性肩形挺括，在 40 年代也为时髦；甚至西式的垫肩也被引进到旗袍中来，谓之"美人肩"，使得传统旗袍的外轮廓有了较大的突破；还有将传统的旗袍盘扣换成了来自西方的拉链或揿扣，这种改换令旗袍有了追随时代的痕迹，在审美、工艺方面更多地融入了西方服饰的元素，这样的旗袍往往被人称之为"改良旗袍"。

由于旗袍风格趋于简洁，其用料就显得更加重要。旗袍的面料主要有国产和进口印花面料，各种绸料、洋绢、洋布，还有提花丝绒、锦缎、香云纱等，甚至蕾丝镂空面料，以及色织布与土布等。40 年代的上层女性对进口蕾丝面料着了迷，蕾丝镂空旗袍配以真丝薄料的衬裙，的确别有一

这一时期旗袍的领子趋低，袖子也愈来愈短，甚至无袖。款式更趋简洁、适体，无袖的斜襟或双开襟旗袍悄然流行
（刘蓬作）

都市旗袍面料有丝绸、棉布、毛呢，工艺上也有印花、织花、烂花、绣花、蕾丝钩花等多种（郭联庆供）

旗袍的衣袖变短了，中国女性的服装变得性感了（许觉民供）

正如张爱玲所言，这时旗袍"衣领矮了，袍身短了，装饰性质的镶滚也免了"（杨士琦供）

民国旗袍有着内敛、优雅、贤淑的气质（高建中供）

旗袍成了 40 年代中国女性的代表着装（许觉民供）

民国时期的上海事事处处开风气之先，女子的旗袍与洋房洋车并列为时髦

镂空蕾丝纺织品是相当摩登的夏
季旗袍面料，穿着时里面辅以真
丝电力纺衬裙（作者收藏）

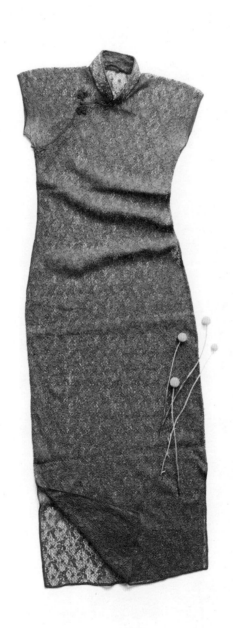

旗袍的工艺技术和装饰手段日臻
完美，图为当年活跃在好莱坞的
影星黄柳霜的双开襟旗袍礼服

番风味。讲究的旗袍仍有刺绣、花边、镶滚、珠片等装饰，但是大多数旗袍远不如当年"三镶三滚"般的繁复了。作为校服的旗袍以朴素淡雅为尚，长度上稍短一些，袖子完全是西式装袖；工厂女工的旗袍通常是简易朴素、经济实用的。

与旗袍搭配的还有西式大衣、外套、背心、毛衣、围巾等。在旗袍外罩一件长度在腰线以上的，双排纽或单排纽前开身绒线上衣或背心，是40年代知识女性的典型装束。毛线编织的上衣外穿内穿皆宜，机动方便、轻软舒适，深得都市女性喜爱。当时上海有一个叫冯秋萍的女子，成为手工编织毛衣的名师，她于1938至1942年间创办了秋萍编结学校，教授编结并出版绒线编结图案的书籍。与旗袍配合的短毛衣，穿起来端庄柔和，成为一种都市女性的"黄金"组合。缪凤华在《编物大全》一书中说："其法传自欧美，今日本女子学校手工科，均有此门，由是技术普遍而编物盛行，用途广阔而裨益民众，价廉物美而节俭经费，其为切要何待言哉。"[8] 手工编结遂成了都市女性风雅消遣的现代女红。

3. 从凤冠霞帔到婚纱

民国以后的西风劲吹，男女同校、自由恋爱、"娜拉"出走等新事物层出不穷，潜移默化地影响着人们的生活、家庭、婚姻等方方面面，其中最明显、最有代表性的莫过于婚俗了。

中国民间婚俗有鲜明的民族特色和地域特点，规矩礼仪，承传有自。婚嫁不拘六礼，但以通媒为定，男家备簪饰数事为定礼，娶前一日趋女家送妆奁。传统习俗讲究纳征，即婚娶前二三日，"具簪钏衣裙，鹅鸭果饼之属，送往女家，谓之催妆礼"，也叫过礼、换帖。《旧天津的婚礼习俗》里谈到女子出嫁的嫁妆有衣裳首饰陈设品及日用品等，所有的东西都尽可能凑成双数，其中说到过礼的"簪钏衣裙"有：

> 衣裳。衣裳无额，凡单夹皮棉纱，绸缎绫罗呢纱布样样皆有。内衣以同质同色的为一套，外衣以大袄、裙子、氅衣为一套。大袄颜色

8
缪凤华：《编物大全》序言，商务印书馆1935年版。

晚清时曾国藩孙女的婚照，可辨清末婚服亦满亦汉

民国时期普通人家的婚服（贾元明、王慧芳供）

要鲜艳，以大红和紫色居多；氅衣皆天青色；裙子惯用大红色。皮衣种类较多，如羊皮、寒羊皮、狐皮、灰鼠皮、银鼠皮、猞猁狲皮、貂皮皆有。各类衣裳都要叠成方形，用红线绷好放进箱子。如箱子装不下，可摆在条盒里单送。

被褥。被褥备四套或八套，每套有枕头一对，不装东西，但每个角上钉有整串的栗子、枣及荔枝、桂圆。

首饰。数量不限，真金、点翠、镶珠宝等均可，但不准用白银。首饰一律绷在大红托上，名叫绷盘子。送时用条盒装。[9]

这种传统婚嫁过礼的习俗于东西南北的汉民族大体一致。

结婚礼服具有深厚的民俗色彩，各地各时期风俗略有不同：清中后期，新娘礼服为花衫子、响铃裙，头戴凤冠。花衫子类似明式云肩，披在红绸袄上面；响铃裙是罩在丝绸红裙外面的礼服裙。腰以下排列以剑状飘带，飘带末端系以金银响铃，走起路来，发出清脆响声。"上披'花衫'，云肩披风，飘带络索，系'响铃裙'，榴红雕绣，裙角缀小金铃百余。每姗姗小步，便听泠泠作响。拜堂之际，共新郎跪拜，俯仰之间，环佩铮然，别有一种风度。头上云髻金铛，珠花压发，谓之'披挑'云，盖新人而着'花衫响铃裙'，非缙绅之家不办也。"[10]

民国以来，对旧式婚姻抨击的结果，就是"拿来"了西方社会关于爱情、婚姻、家庭的民主思想，当然也"拿来"了西式的婚礼形式和婚礼服饰。

与其他日常服装一样，中国婚礼服在时代潮流的冲刷下也在发生改变。这个改变的渐进过程，更是国人欲取还止的矛盾心理过程。

民国初始，国人时兴文明结婚，尤其是新派青年趋之若鹜。"文明婚姻"主要指倡导自由恋爱、反对包办，形式上主要是登报征婚、发结婚告示、聘请证婚人等。而婚礼仪式和婚礼服装则以西式为尚。不过，最初的婚礼和婚服常常是中西结合，半中半西，纯西式婚礼和婚服还不多见。

通常新郎穿中式长袍马褂，戴礼帽；新娘穿红色嫁衣，外披白色婚纱。即使当时的新派人士，在婚服上也不得不遵照传统。20年代才子徐志摩与佳人陆小曼的婚礼是颇有点名气的。徐志摩的风流倜傥和陆小曼的浪漫风情早已为民国人熟知，且他俩同是追求爱情自由而离异再婚的新派人物。即

9
李然犀：《旧天津的婚礼习俗》，《天津文史资料选辑》第三十七辑，天津人民出版社1986年版，第206页。

10
杏呆：《花衫响铃裙》，《新天津画报》1934年4月8日。

238

使这等新派人物的婚礼，新郎也须着传统的长袍马褂，连伴郎也不例外。金岳霖是当年徐志摩的伴婚人，按婚礼规定必须穿长袍马褂，金没有。他回忆道："我本来就穿西服，但是，不行，我非穿长袍马褂不可。我不知道徐志摩的衣服是从哪里搞来的，我的长袍马褂是从陆小曼父亲那里借的。"[11]可见这几位留过洋穿西服的摩登人物在传统面前也不得不屈服。那是1926年10月。

不过，一年以后蒋介石与宋美龄的婚礼却西化得彻底，显然与宋的留洋经历和宗教信仰有关。蒋、宋的婚礼虽有中西两式，但给社会留下深刻印象的是隆重而华丽的西式婚礼。蒋介石的婚服是西式黑色燕尾礼服，受西式教育的宋美龄自然是白色长裙婚纱。新婚照片随即见报，照片里的新娘身着白色婚纱，风姿绰约，光彩照人，令无数青年女子羡慕不已。于是乎，宋氏的西式婚纱大流行。

当时年轻的夫妻们更加热衷所谓"文明婚礼"的形式。专为西式婚礼提供服务的婚庆商号应运而生，北京有一家叫"紫房子"婚庆用品服务社，专门出租花车、乐队、西装、领带、婚纱，以及出售花篮、手花、胸花等，可谓"一条龙"服务。

到30年代以后，国人婚服的特征就是大城市里西式婚服成为时髦。新娘的红礼服换成了白色长裙，红盖头变成了白色蒙面纱。报章杂志中经常以这类婚礼时尚为话题，如《天津大中时报》刊文《新式结婚之指环》，兴致盎然地谈论着戒指应该戴在哪只手指上的问题；《国闻周报》的《婚俗趣谈》里谈到结婚为什么要用戒指、衣服为什么要用白色、新娘为什么要幕面、手套与仪礼等。[12]

> 观此婚礼，新嫁娘当披面纱，衣旗袍高跟鞋，御指环捧鲜花，由伴娘扶绰，徐登汽车，驶到礼堂，致辞奏乐，一鞠躬，再鞠躬，三鞠躬，交换指环，钤印章于婚书上，而大礼成。旧式结婚，繁文缛节，非世家不能道，亦且随地易俗，仪式不必一致也。[13]

世纪老人董竹君在回忆录《我的一个世纪》里记述了她当时的新式婚礼服：

韩石山：《徐志摩与陆小曼》，团结出版社2004年版，第143页。

12
《天津大中时报》1936年7月1日；《国闻周报》1935年第37期，第28页。

13
杏呆：《花衫响铃裙》，《新天津画报》1934年4月8日。

蒋、宋豪华气派的西式婚礼、婚
服对社会的影响甚广

40年代以后，燕尾服和白色婚纱成为都市青年婚礼时的必备服装（郭联庆供）

这样的奢华婚礼全番模仿西洋，在民国被视为文明、时髦（fotoe 供）

民国集体婚礼上新娘几乎都是白色婚纱，新郎则着中山装、西装和军装，摄于 1947 年南京（fotoe 供）

　　他给我买了一套半新又很不合身的白洋纱制成的法国式连衣裙及一双白色半高跟的尖头皮鞋，又带我到日本理发店去梳了一个法国式的发结。他替我打扮好以后，自己便穿了一套七成新的燕尾服（当时的西装礼服）、白衬衫、黑领结、黑皮鞋。[14]

　　为什么当时的年轻人以西式婚服为尚？董竹君在回忆录里做了清晰的解释：

　　　　为什么当时夏之时在我俩结婚之时，他穿西装燕尾服，给我买了法国服装、鞋子，梳法式发髻呢？记得当时，法国在欧洲是最早废除君主制而实行共和制的国家。法国较早地提倡民主和自由。这股风气传到中国，中国许多知识分子差不多都模仿法国派的谈吐、服装等等。[15]

　　1935 年以后，集体婚礼蔚为时尚，当时上海市政府为了配合新生活运动，由社会局出面举办集体婚礼，以示出新。到 1937 年共举办了十多届，参加集体婚礼的青年有一千余对。集体婚礼对传统婚俗、形式、内容都有了相当的改良。当时社会局在"结婚须知"中规定：新郎新娘"须着规定色样之常礼服，与礼服同色之裤及兜纱"等。新郎着蓝袍、黑褂、蓝裤、白袜、黑缎鞋、白手套；新娘着短袖淡红色长旗袍、同色长裤、同色缎鞋、肉色丝袜，头罩白纱，戴白色手套执鲜花。为表示国粹，还强调：新娘不得散发，不得穿高跟皮鞋。

　　集体婚礼的仪式也不同传统，有警察局乐队奏乐，新郎新娘双双携手，踩着红地毯步入礼堂，按司仪宣读名单后款款地走向礼台，在司仪的唱喏下，向孙中山遗像鞠躬，此举是把传统的拜天地，改成了拜国父，就算是维新了。然后，夫妻相对二鞠躬，再向证婚人鞠躬。证婚人市长、社会局长致辞祝贺，颁发结婚证书、纪念证章、纪念品，照相等。

　　千年婚俗的变化，见证了当时社会大众对封建婚姻观念及繁文缛节婚俗的集体反动。对西方婚俗的欣然认同，除了有某种追求时髦新奇的心理外，主要在于对西方自由、民主恋爱观的崇尚。民国都市里的婚礼、婚服、婚照以西俗为尚，已形成不可逆转的态势。

14
董竹君：《我的一个世纪》，三联书店 1997 年版，第 60 页。

15
与董竹君结婚的青年夏之时是当年袁世凯悬赏捉拿的革命者，思想激进，血气方刚，是他为婚礼准备了两人的西式婚服。参见董竹君：《我的一个世纪》，三联书店 1997 年版，第 61 页。

4. 体育文明与运动服装

中国古语文辞中本无"体育"之词，但并不是说我国从没有体育活动。实际上，武术一直是我国人民千百年来强身健体的好方式，因而有国术之称。至于其他各种民间传统游戏：踢毽子、耍狮子、划龙船、抖空竹、打弹球、滚铁环、抽陀螺、跳房子、箍铁饼等等莫不与近现代体育有着异曲同工之功效。直至清末，由于近代西式体育运动的传入，才有了近代体育概念，逐渐改变了中国人的健康意识及健身方式，从而促成了体育运动穿着上的突破。

近代体育兴起于欧洲，19世纪中叶传到我国。其发端应始于1853年曾国藩编练湘勇、操练洋操。尔后，近代体育也随之在军队中扩大传播，尤其是1894年甲午战争后，清廷决定采用西洋方法编练新军，德式兵操、德式体操（包括单杠、双杠、木马等器械体操）较为系统地在军队中流行起来。

庚子以后，凡兴办新式学堂，几乎均开设有体操一科，教师多由英文教员兼任。辛亥以后，民国成立，国人更重体育，各界人士竞尚各式体操、各种运动，因而渐渐超越我国传统的武术项目成为大众运动。但在五四前，学校体育尚处于酝酿时代，主要是因学校当局对于体育意义尚不了解，体

广州泳池的男女分隔状态，原载1934年《新生》杂志第1卷第29期

育设备不够完备，体育教师大都为军队中人代任，还有些学生家长对体育运动存有偏见，怀疑运动可能戕害身体而令子弟中途辍学。此时的现代体育运动尚不普及，社会上参加体育运动者则更是寥若晨星。

五四新文化运动以后，学校体育课程已向普及方面有一定发展，并逐步趋于成熟。公立学校，多注意器械操及徒手操的发展，而教会学校，则多注意于球类及团体比赛的发展。尤其女子学校的体育教育，较之以前有了长足的进步。此外，各种体育团体的组成以及大型体育运动会的召开，也为我国体育运动的发展起到了激励作用。从 1913 年起，中国即派选手参加由中日菲联合主办的远东运动会。

30 年代初，上海沪江大学的学生赵竹光创立沪江大学健美会，仅有简陋的双杠、哑铃等器材，但健美会壁报的《创刊词》这样写道：

> 这是我们的第一声，不是鹿鸣，而是巨狮的雄吼。这种充满生命力的洪声，可以引领垂死的人们重新获得他们的生命，可以令醉生梦死的人们惊醒。

二三十年代时兴足球，当时流传"听戏要听梅兰芳，看球要看李惠堂"的说法，这位穿"乐华"球队九号背心的李惠堂，就像现代的足球明星一样，

敢为天下先的女子网球运动员，
将网球运动和运动服统统"拿来"

期五四一第　號月八
THE YOUNG COMPANION
AUGUST 1939 NO. 145

1939 年 8 月号的《良友》杂志用泳装女郎作封面，既是对游泳运动的倡导，又是对封建观念的挑战

当年对女性游泳还是相当敏感的。下图为漫画《围观泳衣女郎的世相百态》（鲁少飞作）

他那身短裤背心的运动打扮也成时髦,甚至有商人注册了"第九号健身酒"。

　　随着各种西式体育的传人、普及,适宜于体育活动的各种运动服也随之被国人所接受和采纳。宽博长大的传统中式衣裤是不可能进行现代体育运动的,因此裸露胳膊与大腿的短衫裤便成为必不可少的装备。早年中国的运动服大多来自西方,那时体育运动服装的分工不细,一般就是针织短袖衫或背心、短裤、运动鞋,以橡胶的回力牌球鞋最受欢迎。

　　30年代初期,女子运动装多为类似今天文化衫的短袖上衣加短裤,女子泳装是连身短裙,内里加穿与之配套的短裤。1936年泳装和配套的短裤合二为一,以后还出现了泳装上衣与短裤分开的两件式。对于国人来说,眼前出现大面积女性肢体的裸露,所受到的刺激和震撼程度不亚于60年代西方的比基尼泳装带给世界的惊诧。

　　当时,很有些人为男女同处一池而愤慨,1934年,有位叫张之英的海军司令提出"禁止男女同池游泳"的"道德创举",即在泳池中央竖一排木桩,将男女游泳者分隔两处。这个提议居然大受褒扬,还被采纳实施了。

　　毕竟潮流所趋,游泳运动逐渐被大家接受。

　　1940年夏天,成都南虹艺专的游泳池来了一位摩登女郎表演跳水。那年头女性游泳已属罕见,还要举行高台跳水自然引起轰动,不大的泳池四周挤满几千人,还加站了一圈荷枪的军警。当跳水小姐脱下天蓝色浴巾,露出玫瑰色泳装,观者受到了巨大的视觉冲击,板凳当场被踩断十条余。次日《新新新闻》《华西晚报》都以显著位置刊登女郎玉照,标题为:"美人鱼一跳惊蓉城"。

　　尽管保守人士十分反感,但终究体育运动使公众的视觉逐渐适应了裸露的肌体,转而对其他所有服饰种类产生了持久的影响。近代中国体育思潮既来自西洋,故举凡一切西洋人所发明之体育运动、体育器具、体育服装无不被羡慕而仿效之,成为当时的时髦。不过,当时的体育及运动服并不是所有人都能消费得起的。

　　西式学堂里的体育教育明确体操科"使儿童身体活动,发育均齐,矫正其恶习,流动其气血,鼓舞其精神,兼养成群居不乱、行立有礼之习;并当导以有益之游戏及运动,民舒展其心思"。其重要结果是从行动方式上解放了女性,对年青一代姑娘体格变化产生作用。参加体育活动,势必

30 年代的排球女运动员服装

针织背心和运动短裤是较为普遍的男子运动服

不能缠足，1907年的《女子小学堂章程》中即有"女子缠足最为残害肢体，有乖体育之道，各学堂务一律禁除，力矫弊习"之条款。随着观念和体格的变化，中国女子的步态变得自然和健美，而不再是缠脚布造就出来的蹒跚和病态。

体育运动的传入对中国人传统的生活方式与保守的服饰观有着极大的刺激作用，运动给内敛的中国人带来蓬勃朝气，给委靡不振的华夏世风注入阳刚之气。

40年代的最后几年，中国的政局发生了剧烈的变化。

1949年5月26日夜，天下起了大雨，围攻上海的解放军悄悄地进了城。第二天早晨，上海市民惊奇地发现大批穿着简朴甚至是褴褛军装的军人湿漉漉地和衣睡在了街头。当时住在上海衡山路（原名贝当路）的著名建筑师陈占祥，被所看到的情景深深地感动了。他让夫人烧了一锅牛肉汤送了下楼，却被解放军婉言谢绝了。端着热汤回家的路上，他禁不住号啕大哭，这些穿着简朴的军人深深地感化了这位留洋的专家，他把离沪去国的机票撕得粉碎。

这位纯真的建筑师和四万万中国人日夜盼望的和平来到了身边。上海解放了，中国解放了，中国历史翻开了新的一页。同样，中国服装的历史也开始了新的篇章。

第六章

1950年代

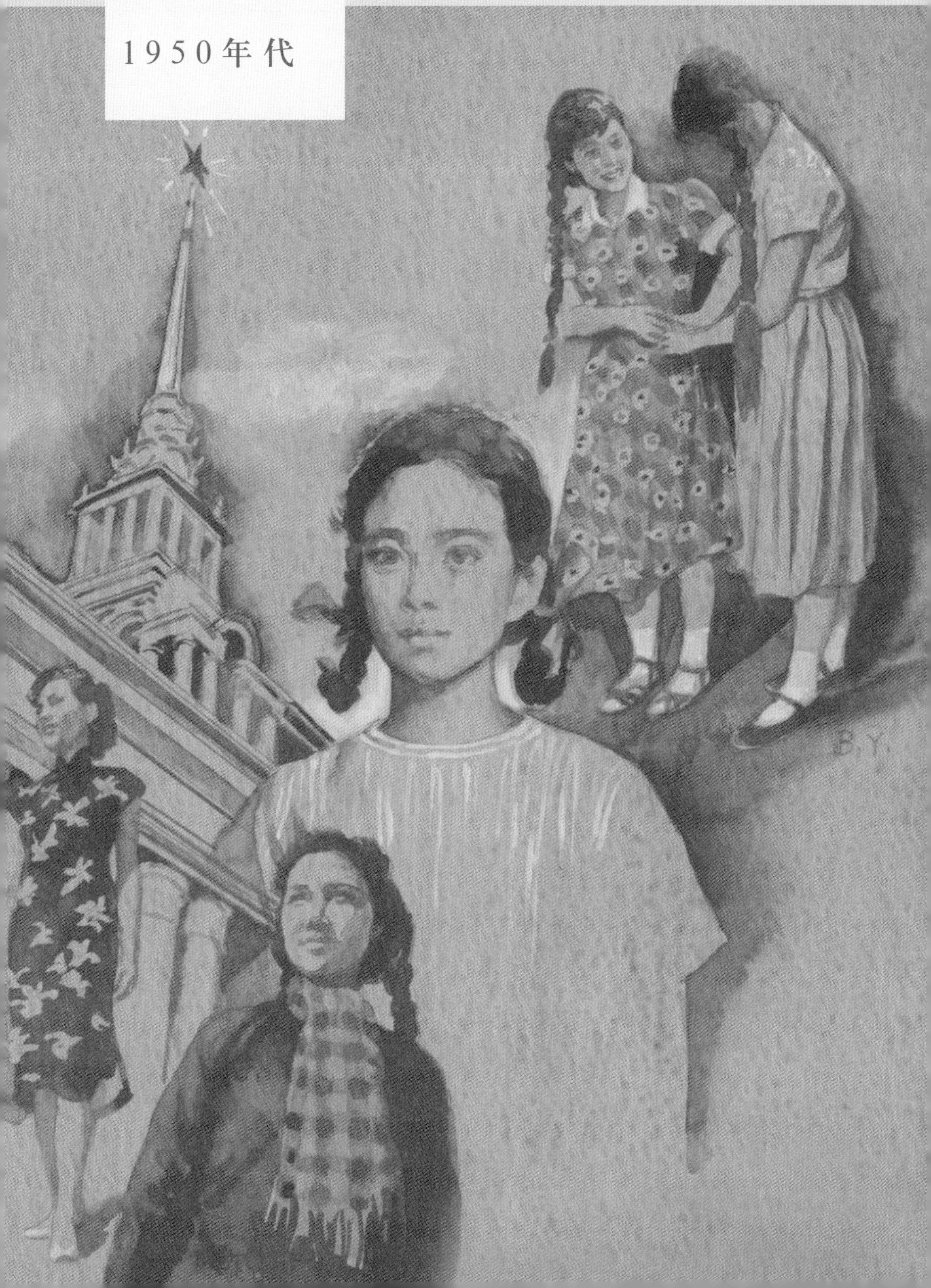

1949 年，国家领导人对中山装
的选择无疑为新政权下的着装标
准和形式定下了基调

第 六 章

1 9 5 0 年 代

制定服饰制度，是中国历代王朝开国后的大事，所谓改元易服。

但是，中华人民共和国没有服制，这是中国历史上第一次未有明令服饰制度的时代。

毛泽东在天安门城楼宣布中华人民共和国成立，那是 1949 年 10 月 1 日。那天，毛泽东穿了一套橄榄绿色的中山装。据说那年春天，为筹备开国大典，有人问毛泽东典礼时穿什么? 毛不假思索地选择了平时最爱穿的中山装。恰巧，清理物资时发现了一块土黄色将校呢，质地很厚重。于是，一位手艺精湛的老裁缝用这块呢料为毛缝制成这套礼服。

没有人发现，这件中山装与早些年已经确立的中山装原型有些许不同，颜色、款式都有些差异，沉浸在开国大喜中的人们并没有关注到这些细节。当然了，与建立新中国、改造旧社会等大事相比，服装上的细节的确微不足道。但是，由毛泽东简朴的着装风格带来对全中国几十年的影响，就其深刻性、广泛性来评价，绝不是一件"不足挂齿"的小事了。

以后，这种被西方人称作"毛装"的中山装，为人民政权的着装标准和形式定下了基调，成为潜在的服制。

新中国电影片头中工农兵的雕塑
标志着中国社会的剧烈嬗变

1. 一场嬗变

　　中国人民解放军的隆隆炮声意味着中国的历史进程将发生转轨，一个
由工农大众为主体的新政权建立了。这本身就意味着社会将发生巨大的变
革，而且这是一场深刻的变革，触及灵魂，触及肉体，也包括穿衣戴帽的
变革。法国大革命时期，以下层民众为主体的"裤汉党"的服饰装扮，进
而发展成为欧洲以后的主流男装。中国工农革命的结果也同样终止了原来
的服装进程，建立了一种新的"时尚"模式。

　　中华人民共和国没有制定新的服饰制度，但却成功地推行了新的服饰
和审美标准——并未依靠政府法令，而是依靠意识形态的力量，并非指令
性而是引导性地同样完成了改元易服的历史使命。

　　在经历了连年战争之后，中国当时的经济是薄弱的，百姓的生活是困
苦的。政府和民众面对的主要是在战争焦土上重新建立社会秩序、恢复生
产的急迫。此时完全无力发展风花雪月般的生活享受，由殖民城市带头发

穿新列宁装拍照的三兄弟，全然不懂其中的"主义"和 "理想"（袁国新供）

穿西服还是中山装是 50 年代初中国知识分子的两难 （郭联庆供）

50 年代初旗袍尚未退出，而母子间的衣着似乎预示着代沟（窦砺琳供）

新中国的农民新衣新鞋办新事，摄于江苏无锡（余金芬供）

中共干部通常穿中山装，夫人还是旗袍，图为彭真夫妇

穿着列宁装的书店女员工在上海外滩留影，列宁装在此时也有某些时尚的意味

1952 年农村一个大家族聚会的真实写照，服装上新旧交替。照片由法国女婿带到巴黎留存（Paul Chapron 供）

新中国之初的市民们还延续民国时期的衣装穿着，摄于 1950 年

展出来的服饰时尚到此便戛然而止了。

具有强烈工农意识的新政权领导者，将解放区的简朴服饰和审美意识带到了 50 年代，并影响了以后的几十年。中国的服饰审美从此出现了极大的转折。不过，最初很少有人能意识到这种变革的猛烈和潜在的负面效应。

于是，在新中国以后的一系列社会主义改造运动中，新中国国民的衣衫同样完成了社会主义改造。

建国最初几年，服饰上是新旧并存，中西皆有。基本上是穿用现成的旧衣，可谓有什么穿什么。当时，中国共产党刚刚接管了政权，百废待兴，广大的知识分子、民族资本家和旧职员都是统战对象，对其在服装方面未有任何限制，传统服装如长衫、旗袍依然可见，西装仍然不乏穿着者。据50 年代北大学生的回忆，建国之初北大人的衣着也是包罗万象。穿着笔挺西装、脚蹬锃亮皮鞋者有之，穿得俭朴粗陋者有之。

　　新政府对旧中国实行了全方位的社会主义改造。1956 年前完成了包括"镇反"、"三反五反"、生产资料私有制改造，以及对胡风、胡适等人的批判；政治、经济和意识形态，以及人们的物质生活领域自然而然地也同样被社会主义改造，包括衣着行为的改造。

　　随着改造的深入，衣着华贵者渐为新社会所不齿，于是，那些拥有西装、长衫、旗袍的人不得不把它们塞到了箱子底，有的把西服穿到了里面，外面罩上件干部服；也有的把西装、长衫送到裁缝店改做成中山装等。

　　建国初期，由于经济的不景和物资的匮乏，政府通过宣传强调了"艰苦奋斗""勤俭持家"等并无具体内容的新中国生活标准，提倡节约，反对奢华，甚至不成文地鼓励"补丁时尚"。加之某些单纯的工农干部存在的"左"倾倾向，将朴素、破旧、简陋的服饰审美推向极致。旧衣服要补，甚至有人将新衣也打上补丁，以示崇尚简朴与革命。因为衣着打扮讲究或简朴与否，将直接影响到一个人的政治前途和生存状态。由此，形成了这一时期具有特殊政治意味的服饰时尚。

　　当政权逐渐稳定，社会的方方面面开始被政治关注到。在一切反映所谓旧的意识形态的东西统统遭否定的大前提下，人们的价值观、道德观、审美观和生活方式也受到了颠覆性的冲击。那么，人们如何穿衣戴帽才能符合新社会政治、道德、审美的标准？进而体现新中国、新时代的风貌？

　　当时，可参照的当然是国家领导人、解放区的干部和工农服装，以及苏联"老大哥"的穿着打扮。

2．"洗澡"与制服

　　50 年代的时髦当然与革命联系在一起，任何与解放区有关，与解放军、工农大众相似的装束都是美的。

　　列宁装、人民装、中山装成为当时最时髦的三种服装。

　　当时社会上的进步女性穿上门襟右衽的男式列宁装。这种大翻领、双排扣、束腰带的灰色布衣被视作最革命也是最时髦的衣装。女性剪短发或直发梳辫，不施脂粉，脚蹬布鞋及上胶的跑鞋。并以这种千篇一律的方式，表示自己是进步革命的，至少是自食其力的劳动者。至于女性化装扮是不被提倡的，一块花布、一个发夹、一根红头绳已是十足柔性的装扮了。

不过，50年代翻身做主的劳苦大众以高昂的劳动热情投入到社会主义建设当中，经济有了较快的恢复和发展，生活条件逐渐改善，国内呈现一派轻松和谐的环境。尽管服饰单调、简朴，人们却发自内心地唱道："解放区的天是明朗的天……"

随着社会主义改造的深入，商人、民族资产者、小业主、知识分子不同程度地受到批判改造。自然，西装革履、旗袍丝袜等穿戴也逐渐在社会主义改造大潮中藏匿起来。资方人士不得不解下领带，脱去西服革履，匆匆换上中山装，少奶奶也穿上了列宁装。小说《上海的早晨》描写的就是那个公私合营的年代，书中写到那位资本家出门前的良苦用心：

> 徐义德……决定亲自到厂里去一趟。他脱下西装，换上那套灰布人民装，连皮鞋也换了，穿上浅圆口黑布鞋。林菀芝看他从头到脚换了行头，知道他要到厂里去了。[1]

话剧《霓虹灯下的哨兵》是一出反映上海解放初的故事，剧中有位阔小姐林媛媛，她主动剪短发，穿列宁装、工装裤，便是表达洗心革面投身

1
周而复：《上海的早晨》，人民文学出版社1958年版，第65页。

50年代初女洋装仍可继续穿着，但好景不长（田鸣供）

解放初期流行灰棉布的列宁装：西式大驳领，右衽双排纽（也有左衽），腰间束腰带，胸前口袋或有或无，腰旁两只斜插袋。列宁装成为那个年代的"摩登"——在那个激情燃烧的岁月里，是非常具有时代美感的（刘蓬作）

穿上白衬衫蓝裤子，系上红领巾，在"天安门"前留影，是 50 年代的最美（袁国新供）

革命的行为。而剧中的阔少爷，林媛媛的表哥罗克文却依旧西装革履、油头粉面。可以想见，他是个不识时务、日后必将成为批判对象的角色。那里的服装不仅是舞台上的剧装，更是真实生活里的一种符号。

在现实生活里，更多的林媛媛、罗克文们在以后的改造过程里，自愿或不自愿地都不能不换上革命衣装，按如今的时髦说法，就是"包装"起来。这样的包装行为很是耐人寻味！本是很个人化的生活物品——服饰已成为衡量被改造者是否接受改造的准绳。不可否认，他们中间有自觉接受社会主义改造的，也有相当的人是出于无奈，以此在来势甚猛的政治运动中保护自身。

中国知识分子阶层在政治上一向依附性较强，他们中的一部分人对新政权期望很高，很快接受了新的服饰样式，表达了对新政权的信心。另一部分人，开始并不关心服饰时尚的改变，保留着学人的独立穿着。但新政权表达出来的政治取向和态度是不容置疑的，这使得越来越多的人采取明哲保身的做法，也明智地用中山装、干部装包装自己，将自己融到一片蓝、黑、灰的保护色中去。作家杨绛的小说《洗澡》写的就是解放初期知识分子经历改造的故事。"洗澡"是知识分子遭遇的第一次思想改造运动，"脱裤子，割尾巴"就是对思想改造者的要求。小说开头不久，就有一位小说

中山装成为新社会人们最为普遍
的着装

人物、知识分子余楠要参加一个会议，为如何择衣而大伤一番脑筋：

> 余楠打算早些到场，可是他却是到会最迟的一个。他特地做了一套蓝布制服，穿上了左照右照，总觉得不顺眼。恰好他女儿从外边赶回来，看见了大惊小怪说：
>
> "唷，爸爸，你活像猪八戒变的黄胖和尚！"
>
> 余楠生气地说："和尚穿制服吗？"
>
> 宛英说，她熨的新西装挂在衣架上呢，领带也熨了。
>
> 余楠发狠说，这套西装太新，他不想穿西装，尤其不要新熨的。
>
> …………
>
> 经女儿这么一说，越觉得这套制服不合适。他来不及追问许彦成是否穿西装，忙着换了一套半旧的西服，不及选择合适的领带，匆匆系上一条就赶到会场……只见那位法国文学专家朱千里坐在面南席上那一尽头，也穿着西装。他才放下心来……一面听社长讲话，一面观看四周的同事。长桌对面多半是中年的文艺干部，都穿制服。[2]

所谓"制服"，是指苏区的干部服装，即中山装。小说作者以服饰为引子，引出的是知识分子面对新旧政权的更替、价值观的改变，心怀忐忑地企图用衣服明哲保身的微妙心理。

2
杨绛，《洗澡》，三联书店1988版，第21—23页。

除了少数西装、长衫的打扮外，大部分工商业者都已换上人民装、中山装。摄于工商业社会主义改造中的新闻照片

美国学者丹尼尔·布尔斯廷（Daniel J.Boorstin）在《美国人》这套书里，谈到美国移民在身份识别上的困扰时说：没有任何别的东西能像服装那样如此迅速而又毫无痛苦地把外国人变成本国人。[3]同样，服装也能"迅速"和"毫无痛苦"地把一个旧人变成新人。解放后，工商业者、知识分子齐齐地、迅速地改穿上了蓝色或灰色的中山装。在当时和以后的照片中，他们无一例外地穿着中山装，不论内心的接受程度如何，他们那份改造自我的单纯热情还是难能可贵的。

解放以后，中国服饰的地域性差异、阶层性差异日益减少。共产党以破竹之势迅速统一和控制了整个中国大陆，并实行了一套军政管理模式，分派到各地的军管会干部带去了新的思想，也带去了新的服装形式。他们是新政权的代表，所到之处受人尊敬，他们的着装也成为模仿对象。正如革命思想的统一，革命服装也统一了全国各个社会阶层人们的服装，这是一个万民一致、追随革命的大一统的时代。

城市为列宁装、人民装等"革命"服装的天下；农村除了干部穿着干部装之外，仍是无须改造的中式短袄的天下。无形的新政权服制被国民大众认真地贯彻着、执行着。

3."同志"年代与列宁装

"同志"的称谓是随着人民政权的诞生开始普及，继而成为了新中国表达人与人之间革命关系的准则。"同志"称谓是不管对方的职业、年纪、性别，是社会主义革命大家庭中成员的公共称呼，表达了一种对平等民主概念的简单理解。在以"三反五反"、公私合营、农业合作化为标志的社会主义改造基本完成以后，掌柜、老板、经理、董事长也就没有了存在的社会条件；随着"粮棉统购统销，工人监督生产"等旨在把所有人的社会地位拉平的一系列政策出台，应运而生的响亮称呼便是"同志"。工人同志、解放军同志、售票员同志、警察同志……甚至还有"母亲同志""丈夫同志"。同事之间、朋友之间、夫妻之间、路人之间都互称"同志"。志同而道合的同志们，在新社会里为共同的目标而共同劳动，共同生活，共同奋斗……而这样的理念同样表现在了这个时期的服装上面，同志时代的服装同样模糊了社会阶层、职业、地位，也不分年龄，不分季节，不分场合，甚至模糊了性别差异。

服饰的标识符号功能在新社会所表现出来的"同志"作用比任何历史时期还要大，尽管对个人来说，这意味着日常衣服像制服那样，抑制了个人愿望和需求。但是在那个年代里，这同样是一种不得不追赶的"革命时尚"。

解放初年，列宁装成为了那个年代的"摩登"。当然，"摩登"这个词在当时也不时兴用了。

最初，列宁装为男女皆服的款式，后来渐渐仅为女性专用了。那些走出家庭、参加革命工作的女干部身穿列宁装，朴素无华，具有一种无产阶级革命者的风采，这在那个激情燃烧的岁月里，是非常具有时代美感的。

列宁装始于延安时代，那时的干部们就兴穿这种灰棉布列宁装，西式大驳领，右衽双排纽（也有左衽），腰间束腰带，三或两只挖袋，胸前口袋或有或无，腰旁两只斜插袋。因有腰带，一般列宁装多为松腰身，亦有收腰身，做肋省缝的。有棉有单，通常由供给制单位统一制作发放。其如何在解放区兴起和冠名，尚缺乏准确的史料依据，估计与向苏维埃政权学习模仿苏联有关。随着根据地干部南下和接管政权，他们穿着的服装随即也被带到了全国各地，并迅速被模仿制作。

穿列宁装和人民装的就是革命"同志"（杨士琦供）

来自解放区的灰布中山装、列宁
装样式是 50 年代的时尚

这件列宁装剪裁简陋，但不失革命时尚（作者收藏）

中山装与人民装仅有细节差别，如人民装的口袋工艺简易

在那样的一种时代氛围中，滋生出新中国人们的一种集体潜意识，以为穿着中国传统衣饰便显得陈旧、落伍，甚至带有些许的封建气息；穿着西装、旗袍则更有那种被推翻阶级的意味；于是，新中国的列宁装、人民装、中山装就具有了新时代的符号意义。

如果说工商业者、知识分子对共产党的理想尚需要一个认识过程的话，那么相对单纯的普罗大众对于共产党全心全意的忠诚则达到一种宗教信仰般的程度，他们把对党的热爱抽象化了，同时转化于具象的服装上。

人民装，其实就是中山装的一种别称或变体。40年代以后，解放区也大多穿着中山装，当时的部队军装也与中山装的样式相差不大。当中共干部进入城市并建立人民政权后，"人民"的字眼就冠于方方面面，人民装成为那个时代男装的笼统称谓。不过，有人认为中山装与人民装是有款式上的区别的；有的人则把中山装、青年装、学生装等都归到人民装范畴里；还有专业人士认为中山装就是人民装，两者仅区别于用料和做工：

> 中山装有呢制及布制二种。普通称呢制的为中山装，布制的为人民装，其式样完全一样，其区别仅在缝制技术的高低。
>
> 人民装是列宁装、人民装、中山装、学生装等总称，普通是指以藏青色、深蓝色，或青灰色咔叽布，斜纹布及士林布等做成的服装。……[4]

政治领袖最有可能成为民众追随的时尚领袖。"毛装"，即细节上改

王圭璋：《男装典范》（裁剪），人生出版社1953年版，第22—23页。

灰色列宁装成为50年代早期进步女青年的标志服装（张平和供）

军管会的干部也给民众带去了新的服装形式

50年代中山装也成为知识分子的必备，图中华罗庚、老舍、梁思成、梅兰芳不约而同地换上了中山装

动过的中山装，其广泛流行可追索于对领袖的崇敬。"事实上，在整个五六十年代，领导中国服装'新潮流'的是国家领导人，他们的形象替代了服装模特的功能。"[5]

到50年代末，列宁装趋少，中山装、人民装渐成主流时尚。此类服装也常常被百姓们统而划之地称为"干部装"或"制服"，顾名思义，显然身份上以"公家人"的干部多穿此装。

当从众的穿着越来越成为一种政治上的自我保护方式时，革命化的服饰主流便与革命化的思想主流一致起来。

从前的统治阶级及富裕阶层被打倒，在政治、经济上完全失势了。工农成为中国社会的中坚，劳动阶级翻身成了国家的主人，劳动阶层成为了最有优越感的阶层，工农大众的生活方式、穿着装扮遂被赞赏、被鼓吹。

虽然工人阶级占中国人口比例不高，但在当时，工人阶级形象就代表着先进生产力，受到赞美和歌颂。解放后的相当一段时间里，人们以穿着工人的工作服为荣。如果能穿上印有国营企业名称的工作服，更会成为人们羡慕的对象。故俗话称："不管挣钱不挣钱，先穿一身海昌蓝！"蓝工装裤和白衬衣是现代中国产业工人的典型服装，代表了当时的审美价值取向。

4. 凋零的旗袍

经历了近三十年的发展和辉煌，50年代之后，旗袍渐渐地从新中国生活中淡出了，直至完全消失……

而在建国之初，旗袍并没有马上退出。

在新中国第一次建交高潮中，一批开国功臣被任命为驻外大使，他们脱下军装，换西装打领带，大使夫人们则开始学习穿旗袍。旗袍仍是建国初期的女性礼服。一些文艺工作者或国家领导的夫人出国访问前，也都请专人定做旗袍。相比后来的政治环境，50年代初期还比较宽松，女性旗袍的颜色还鲜艳明亮，刺绣、贴花、手绘等装饰手法仍有沿用。

随着政治运动的越来越频繁，此后的几年间，旗袍和旗袍的穿着者都

5
张中秋、黄凯锋：《超越美貌神话——女性审美透视》，学林出版社1999年版，第75页。

穿旗袍的人们难以料想，这种优
雅的东方女装居然会退出历史舞
台（徐广亨供）

还没有意识到，新中国的衣饰标准会把这样的服装也列入旧社会余孽的范畴。随着一场场政治运动的此起彼伏，社会生活开始弥漫极左的政治气氛，新社会倡导的审美意识里也包含着对打倒阶级、被改造阶层及他们生活方式的蔑视与批判，并引申到穿旗袍、穿西装的人本身。从此以后，旗袍被悄悄地藏到了箱底，仅有少数人在逢年过节或特定场合时偶尔穿用，并常常在旗袍外罩背心、毛衣等来弱化旗袍的妩媚。

倒霉的西装和旗袍被打上了"旧社会""非无产阶级"的印记。在当时的社会目光中，合体挺括的西装与雅致秀丽的旗袍简直就是资产阶级罪恶的化身。

传统旗袍紧身合体的形式自然不适合体力劳动时穿着，而且极富女性味的穿着也不符合新社会的审美。尤其在内地，女装流行列宁装、人民装、中山装，甚至直接穿男装。旗袍所代表的闲适的女性形象在这种社会氛围里失去了生存空间，注定在劫难逃。

从50年代开始，旗袍进入了它的衰落期。

但在新中国早年的服装舞台上，凋零的旗袍还曾有过回光返照似的闪现，那是1956年。当时有过政府号召穿花衣的一个极短暂时期，旗袍与其他连衣裙、花衣裳一起重返社会生活。与以往不同的是，这一时期的旗袍面料以棉布为主，装饰简约，色调朴素，穿旗袍的姑娘梳着长辫子，也算符合当时"美观大方"的标准。

旗袍在极左政治气候下，渐被打入冷宫（张茹供）

1958 年 6 月我国参加了在罗马尼亚首都布加勒斯特举行的第九届国际时装会议，并展示了以旗袍为主的 26 套中国服装。选送参展的旗袍带有鲜明的中国特色，且做工精细讲究，得到与会者们极高的评价，但仅限于这项外交活动、政府行为。虽然一些特定身份的女士也还能在某些场合穿着旗袍，但旗袍和旗袍所代表的中国旧日服饰辉煌毕竟渐渐远去了。

同样，在 50 年代初，西装虽然没有正式地被否定，但社会主义的意识形态促使人们更换衣装，西装的市场也日趋萎缩。红帮裁缝们用做西装的方法改做中山装、人民装。1952 年 10 月，亚洲及太平洋区域和平会议在北京召开，北京各机关、学校、群众团体的领导传达了国庆盛典筹备会的精神，要求参加庆祝游行的成员穿着整齐漂亮，男穿西装，女穿花衬衣、裙子。从此，以后每年"十一""五一"庆祝游行、集会都成为一次所谓"服装赛会"。但到 1957 年以后，极左的思潮渐占上风，节日的庆祝游行也不再提倡穿西服了。西装、旗袍从此从中国人身上消失，直到 80 年代后重又出现。

5. 泛政治化服饰

毛泽东于 50 年代提出"政治挂帅"的口号，于是，各级领导者层层强调"政治挂帅""阶级斗争"等，倡导要用阶级和阶级斗争的观点，用阶级分析的方法去看待一切、分析一切……当时，在政治生活、经济生活，特别是意识形态领域，从哲学伦理到文艺作品，从个人的思想情感到行为喜好都为这种"阶级斗争"的思维模式所规范。建国初年，中共组织了对胡风、胡适，以及电影《清宫秘史》、《武训传》和红学研究的批判。今天看来，那时候的许多批判已混淆了政治与学术、政治与生活的界限。政治成了唯一的标尺。

个人的思想、言行，包括衣着行为等都被打上阶级或政治的标签。个人的喜好，尤其是穿衣打扮上任何个人的企求不仅是渺小的，而且都被当作有害的资产阶级或小资产阶级的东西被清算。曾有位接受调查的长者这样说道：

这些三联书店女员工的服装、发型，都表明着她们是新中国的新女性

服装上的泛政治化使得女装变得千篇一律

在朱毛领袖像前留影的生活书店职员，朴实无华，充满理想

衣着朴素的劳动者和身穿列宁装的"公家人"有着些许区别（窦砺琳供）

50 年代极左思潮中的很多干部，认为可体的衣着都是资产阶级
生活方式……本人在工作上的成绩向来是最佳的，但是衣着也是最可
体的，也就是因此，共青团员与共产党员的称号是与我无缘的。[6]

同时，高度中央集权的计划经济，和各方面日益加强的一元化领导
体制，使得行政权力通过共产党组织支配一切和干预一切，从社会生产、
分配、消费到私人生活及私人事务，譬如工作、迁徙、婚姻、恋爱、穿
衣等等，一切均依附于政治，从属于政治。于是，在实际生活中，人们
感到作为社会动力的似乎不是经济，而是政治。

"政治性"成为这个时代最突出的特点。

1958 年的"大跃进"时期，人们狂热地认同"十五年超英赶美""共
产主义社会已不远""按需分配将不是梦"等政治呓语。在那个热情似火
的岁月里，劳动阶级的行为和衣衫都是当时的社会样板。全民劳动的社会
环境里只能穿着适合于劳作的朴素衣裤。工作服、工装裤、中山装、中式
袄褂等是这时的首选。大炼钢铁运动中，不分男女老少全部投入到热火朝
天的劳动中去，弄得一身泥一身土，那才被视为革命的美、生产的美。

"三面红旗"令全民步调一致，行为划一。全国人民统一炼钢铁，建
人民公社，办大食堂，消灭麻雀等。社会主义计划经济使生产、销售、消
费都变得整齐划一。被统一了思想的人们，也自然而然地统一了他们的服饰。
人们的审美和价值取向的变化是非个体的。心理学家这么认为："这种集团
心理使他们在感情、思维以及行动上会采取一种与他们各自在孤身独处时
截然不同的方式。"[7]社会主义大家庭集体式生活秩序，规范了着装的集体
潜意识，服饰审美的快感中主要是人民当家做主的快感，对国家充满新生、
向上的活力和希望的快感；先进模范的崇高感使人忽略了服装本身的审美
价值，只关注革命性服装所代表的精神内涵。那时的中山装、人民装都已
成为物化的意识形态了。

一股"左"的政治毒雾越来越浓重地弥漫在中国人的日常生活之中。据
北京大学 55 级学生黄修己回忆：

]曙光（年龄 71），山东
大学教授，调查表日期：
001 年 6 月，地点：山东
南。

奥］西格蒙德·弗洛伊
德著，林尘、张唤民、陈
奇译：《弗洛伊德后期
著作选》，上海译文出版
2005 年版，第 79 页。

在相对宽松的一段时期内，美的
装扮是得到默许的。旗袍与长辫
的勉强组合也算符合当时的审美
标准（舒野摄）

1959 年出版发行的宣传画《毛主席万岁》上的母亲穿丝绒旗袍，佩戴胸针、耳环，该画在"文化大革命"中被批为"黑画"（哈琼文作）

　　到了1958年"大跃进"和经过反右扩大化时期，又开展知识分子思想改造运动。校园风气变了，为了准备下乡下厂劳动锻炼，有的班级全体换上"人民装"，头上扎起白毛巾，像陕北的老农那样。还背起背包，列队在校园中唱着歌行进。此时，男着西装女穿花裙的景象自然而然地消失了。

　　服饰是社会综合信息的载体。新中国建国初期的服饰已经承载了过多的政治内容，以后的反右、"反右倾"加剧了服装上的"左"倾思潮，政治干预已经渗透到日常生活之中，蓝、灰、黑色取代了过往的缤纷色彩，列宁装、干部装唯吾独尊，这种现象延续了相当长的时期。

从头到脚的朴实无华，这样的装
束是当年的"革命时尚"（陈实供）

6. 短暂的繁荣

尽管政治的影响和制约导致了建国后服装面貌的单一，但在50年代中仍出现过一个短暂的繁荣时期。

1955年3月，《新观察》杂志社邀请北京文艺界人士及团中央、全国总工会的代表座谈着装问题，并刊登座谈记录，发行甚广的《中国妇女》《中国青年》杂志也展开对服装样式的讨论，那些认为漂亮服装是不道德的论调居然处于下风。那年夏天《新观察》杂志开辟了服装论坛，论坛的一个参与者认为，"进步"不等同于"穿着单调的颜色"；另一种看法是，中山装和解放军军装是革命的产物，这些服装是属于当前时代的；一个音乐评论家鼓吹旗袍的回归，他认为旗袍使女人更美丽；一个工会的女主席回应说，旗袍既不美也不方便，如果他们想改变单调的穿着面貌就必须开发新的款式。论坛最后的结论是将服装的不繁荣归咎于服装设计师，得出"设计师应当设计新样式，媒体上应更多地讨论时尚问题……每个人都应排除思想障碍，接纳更丰富的款式和色彩，人民自己会创造新的款式"等结论。这也许是建国以后对新中国服装的第一场相对自由的讨论。

不久，1956年1月，共青团中央、全国妇联就发表了具有典型官方色彩的通知：

> 爱美是人的天性，美和装饰是一种艺术，服装的整洁美观，是一种有文化修养和热爱生活的表现，对儿童也是一种美的教育。

以此号召"人人穿花衣裳"，来体现社会主义欣欣向荣。2月间，共青团中央和全国妇联联合召开了一个座谈会，与会者纷纷指出：漂亮的衣服并不等于资产阶级生活方式。相反，与新中国日益增长的物质需求和精神需求是一致的，人们的衣着也应该丰富多彩起来。人民有享受美、追求美的权利。3月中旬，由上海市妇联、美术家协会联合主办了新中国第一个时装展览会，参展的服装一式两份，在北京和上海两地展出。当时的中苏友好大厦三层楼展厅布满了展品，展会人头攒动，以至于展会不得不延期。一时间，穿漂亮衣服成了"听党的话"，各单位中的女干部积极响应，带头

50 年代的格子布连衣裙（作者收藏）

烫头发、穿花衣……

据一位 50 年代的北大学生回忆：1956 年春夏之交，北大校园大小饭厅的墙上，一夜之间贴满了大字报，还有漫画、小品、小调等，内容只有一个：敦促女同学穿花衣裳。口径那么一致，想必是有领导指示的。据说这是因为前苏联的某领袖人物到中国访问时指出，中国人的服装不符合社会主义大国形象。许多女生闻风而起，把各式各样的花衣裳都穿了出来，那种热闹景象，大约持续了一周。

1956 年第 4 期《新观察》又刊发了记者与全国政协委员、画家华君武、叶浅予、丁聪关于服装问题的谈话录，并刊登了大量读者来信。各界人士疾呼要尽快结束服饰款式色调单一的状况。时任纺织工业部副部长的张琴秋指出，改变这一状况，需要"我们大家来提倡，首先从机关的女同志做起，然后影响整个社会"。

报纸上还刊登了漫画家们批评服装单一的漫画。漫画家李滨声的漫画《清一色》，画的是一家男女老少都穿上一式的干部服；漫画《跳舞图》，画面上只出现两个人的下半身，图上配诗："请看跳舞图，越看越糊涂。皮鞋一般大，裤腿一般粗。"这些作品显然是为配合服装改革而作。那年秋天，据说有在京的报社搞服装表演，旗袍、布拉吉都上了台。

"布拉吉"是俄语的音译，即连衣裙。据说是站在岩崖上深情歌唱爱情的俄罗斯姑娘喀秋莎所穿的那种裙子。

在欢呼新中国的最初年代，中国找到了苏联当"大哥"，顿河岸边的集体农庄，或高加索山脚下的欢歌笑语正是中国人民向往的生活，苏联人民的衣着也成为时尚的楷模，布拉吉就流行在那一段时间里。布拉吉是很女性化的服装，裙裾飘飘间，产生出杨柳依风、婀娜多姿的美感。布拉吉象征着年轻、朝气，有长袖或短袖，裙腰处打活褶，裙摆自由飘逸，不同于中国传统裙子的做法，也改变了中国女性穿着旗袍或上袄下裙式的打扮。

一般布拉吉用大花布来做，因为当时苏联和东欧援助的花布大量进入中国，甚至有人解读为"中国的牡丹是封建的，苏联的花布是革命的"。布拉吉、花衣花裙的提倡是出自政治的需要，因此有"女干部带头穿花布拉吉"

之说。女同志们的积极响应有服从党号召的政治因素,当然也有爱美的原因。不管如何,苏联的大花布毕竟使得女装有了明显的性别特征。

布拉吉,正是那个时代的女性以热情和幻想编织而成的梦之衣裳。王蒙小说《青春万岁》里的女中学生们,正是短暂繁荣时期的幸运儿:

> 不讲究衣饰的李春,今天穿了件杏黄色的连衣裙,而且上衣没有领子,露出一小块脊背和胸口,如果她不戴眼镜,该多么漂亮啊。郑波,妙极了! 她第一次把留长了的头发梳成短短的两个小辫,她的由蓝、黄、赭石三种颜色构成的小碎花图案的衬衫,看来也非常悦目。苏宁……穿上单色的布质米黄衬衫和蓝裙子。周小玲只穿了一条竹布短裤,骄傲地把晒黑了的粗壮的大腿露了出来。[8]

那是建国初年唯一尽情展露女性美的短暂时光。

50年代是我国与苏联的蜜月时期,曾流行过一些苏式服装,包括列宁装、布拉吉、乌克兰衬衫、鸭舌帽(苏联工人帽)、苏联大花布、苏式的女学生裙。1956年夏天宽松的氛围里出现了活泼的太阳帽,白咔叽布制成的六片宽檐圆帽,可遮阳避暑。因帽檐略呈波浪形,又称为"荷叶帽"。电影歌曲《让我们荡起双桨》就是那个年代最美好的写照。戴太阳帽的青春少年,给清一色的衣装局面增添了朝气。

苏式服装流行的原因并不在于款式本身,而是采用苏式服装带有明确的政治倾向,当时有一段顺口溜:"抖咪搜的裤子,抖咪搜的袄,捷克的皮鞋,乌克兰的表,嘴里边叼着半块鸡蛋糕!"[9]不过,像东欧式的服装并不与中国水土相合,且当时国民的收入相对低下,绝大多数人无经济能力顾及这种政治时髦。

在这段相对宽松的时期里,一些人也把压箱底的衣裳翻拣出来穿,旗袍在此时重又赢得了短暂的一席之地,也有妇女穿起了西装裙子,配皮鞋或半高跟皮鞋。有的地方还出现了瘦腿的"港式裤"、卷发的"港式头"。有童谣云:"港式鞋,后跟高,港式衣裳瘦掐腰;港式裤子赛杉槁,港式头发乱七八糟!"

但为时不久,很快就有"上级指示"下达了,服装改革不让再搞下去了,

8
王蒙:《青春万岁》,人民文学出版社2003年版,第304页。

9
"抖咪搜"为音符谐音,比喻质地飘逸的纺织面料。

在穿花衣裳的政治号召下，姑娘
们愉悦地试穿着苏式布拉吉，这
是那个短暂的繁荣日子的记忆
（舒野摄）

大辫子的姑娘们获得难得的打扮机会，显得格外兴奋和少许的不自然，正如小说《青春万岁》里的女中学生那样（洪克摄）

在 1957 年的文代会，白杨、吴茵、宣景琳、上官云珠、于蓝等电影演员们仍然敢为人先，时髦装扮，尽享 50 年代那个短暂的繁荣时光

仍继续发扬"艰苦朴素"的精神。这一段短暂的"繁荣"很快就烟消云散了。以后有人做过这样的记录:

> 在1956年曾有过短暂的一瞬,人们对服装时尚产生了浓厚的兴趣。民主德国的裁缝到北京,将新的裁剪方法传授给中国裁缝。北京的一个百货店举行了第一场时装表演。北京广播电台报道:"多棒的表演啊,有短夹克,裘皮大衣,弹性面料的服装。"上海的制造商开始生产印花裙子。另一场服装表演在北京文化宫举行,有各式各样的旗袍,还出现了以褶缝代替开衩的旗袍式样。但这些苗头在下一年的年底就消退了,因为人们小心翼翼地避免带有"右倾"污点的任何事物。[10]

7. 缝缝补补又三年

中国第一个"五年计划"期间,服装产业并没有得以迅速发展,1956年对合作社和合作工场进行了调整合并,大部分服装小作坊、前店后厂式的加工点纷纷组织起"合作社"或开设工厂,以后又经"公私合营",一些服装小企业也相继扩大了规模。有的转化为全民所有制的国营服装厂,有的转化为集体所有制的公私合营服装厂。这样初步形成了中国的现代服装业,并从此在生产规模、生产工艺、技术设备等方面有了一定的进步。对工业制衣进行补充的是遍及全国城乡的个体裁缝铺,他们以顾客自带布料、量体裁衣、手工缝制的方式为人民群众的生活提供了方便。

由于相当长期的经济落后,衣着消费处于低水平,许多人家都是自己动手做衣,这是大多数家庭衣服的主要来源。当然,制作水平有限,良莠不齐,款式简单,色彩单调,加上长期的物质匮乏与政治干预,所以这时的衣裳是"新三年,旧三年,缝缝补补又三年"。

1949年后,虽然我国广大城市市民改变了衣衫褴褛的状况,但衣着依旧相当的简陋。城市劳工主要穿着中式褂衫,中式缅裆裤,尤其是冬天中式棉袄被绝大多数人采用,中式棉衣外罩列宁装或中山装。日常劳动中还是简单的中装或工作服。都市男子除了中山装、人民装外,还有一些学生装和青年装,青年装是小翻领,三贴袋。下装主要是西式裤,裤脚口翻边,

erie Steele and John
Major, *China Chic:
t Meets West*, Yale
versity Press, p. 58.

在农村，妇女的服装变化很少，传统的立领大襟衫袄仍为主流

夏天则流行白色的长袖或短袖衬衫、西式短裤，而穿着长衫者锐减。

　　农村服饰的变化更少，中式服装依旧是主流，即衫袄和中式裤子是农民的日常服装。解放了的农民阶级也是光荣的，他们不必刻意去改换衣着以证实什么，况且他们的衣装也被赋予了革命性，与旧时期一般无二的服装却有了新的内涵。不过，因为避寒的需要，冬天穿着长棉袍依旧普遍。

　　这个时期男女服装的差异不大。城市女干部大多穿列宁装，穿简朴的中装也是相当的普遍。裙装让位裤装，裤子是新中国女性的主要下装，西式裤为主，中式缅裆裤逐渐淡出。

　　50年代中后期时兴春秋两用衫，也有叫青年装，流传甚久，城市、乡村女性都有穿者。虽为青年装，其实中老年妇女也穿。其式样为西式翻领，四粒纽，领子驳头可以翻开也可以闭合，闭合时款如衬衣，衣领呈一字形或八字形，前身两只大贴袋。以后有女青年改装拉链或夹克型，款式稍稍有些变化。

　　廉价、舒适成为这一时期置衣首要，美观退其次。失去了以往富有阶层的需求，服装制作手工技术退步，连传统的镶绣等装饰手段也逐渐退工，补丁成为一种最普遍的"修饰"。款式的创新处于停滞状态，所谓服装设计只能是局部细节的小变化，如领子的或大或小、或方或圆；明口袋的外形或为新月形，或是斜插形，或在袋口嵌线等装饰。服装面料以素色的咔叽布、平纹布、斜纹布为多，流行的花色布为小碎花和各种格子图案。自此，中国女装简单乏味，一蹶不振。

8. 大辫子、干部帽和"千层底"

　　建国后人们的服装配饰只有必要的鞋、袜、手套、围巾等，都以实用为目的，外观少变化。很少佩戴以装饰为目的的胸针、项链、手镯、耳环等饰品。配饰、发型、化妆等都一切从简，内衣也是不讲究的，旧的汗衫即为内衣。

　　50年代以来，干部时兴蓝布六角帽，用来配列宁装或干部装。以后又流行解放帽、护耳棉军帽、军帽、八角帽。还有蓝布做的扁平圆顶的工人帽也泛称"解放帽""前进帽"。城市女性用毛线编结的"罗宋帽"是比较好看且实用的帽子。历史上的旧式帽，无论瓜皮帽还是西式礼帽都与潮流不合而被彻底淘汰。

高跟鞋自然地退出了女性的衣着生活，大家普遍穿平跟布鞋，皮鞋被很少的人穿着。布鞋是"千层底"布鞋，一般是用家庭废布上一层浆，铺一层，再上浆再铺等，按所需的尺寸和形状剪下来，然后用锥子和麻线一圈一圈地纳成鞋底，最后缝上鞋面和鞋帮。也可以拿到外面路边鞋匠摊"上面儿"。如有棉絮夹层就成了"棉鞋"，叫"棉窝窝"、"包子鞋"或"窝头鞋"。搭扣女皮鞋或布鞋是最普遍的，圆口方口的布鞋、解放鞋、力士鞋（白球鞋）、胶鞋（雨鞋）等是当时主要鞋种，男女式样差别不大。

50年代发型渐趋简化，理发仅仅是为了修剪整齐。女子以齐耳直短发，也叫"解放头"或"长征式"最为盛行，年轻女孩通常留长辫，两耳后侧位置编上两条麻花辫子，额前梳刘海，绸带的红头绳或花头绳就是很漂亮的发饰了。

城市里结婚的女子兴烫头发，烫的是那种小碎花，头顶有些直，蓬蓬的，然后两边或一边用发夹一夹。烫发用的是火钳子，药水是店里自配的，配方基本是强碱、氨、花生油。[11] 青年男子则留青年头、偏分头、小平头等。大城市里仍有成年人梳的大背头，或被戏称"飞机头"，这是当时颇为大胆时髦的发型。

11 "在头发上抹上药水，后把火夹子放在火上烧热了烫头发。火候很要，稍不留意，就把头烧焦了。烫一个头两元右，烫不起又想漂亮的，就买几个夹子，木头或铁的夹子，上面有松紧，晚上睡觉前一撮一撮把头发卷起来夹好，第二天早上打开后，就是波花了。但没有用药水浸的头发，保持的时间很短，只能保持一天，潮湿儿的天气不到半天就直了。"（《风采》1999第10期，第136页，联美容院高级美发师幼琴、蒙娜丽莎美容发学校高级美容师梁接受采访时如是说。）

穿上列宁装，戴上八角帽，女人
与男人并肩干革命（杨士琦供）

一个军队干部家庭合照，军服、花衣和蝴蝶结都透出革命胜利的喜悦（陈实供）

小学生的红领巾装束吸收苏联学生装风格

建国以来，由于倡导勤俭节约、艰苦朴素的生活方式和受到物质水平的制约，化妆的习惯在妇女的日常生活中消失了，参加文艺表演的演员也只在脸上涂一些胭脂。没有地方卖化妆品，只在戏剧服饰用品商店的柜台里才偶尔可见。所谓化妆品可能就是白粉、火柴和大红纸。白粉是用来把脸涂白的，火柴是用作眉笔的：把火柴擦着，马上吹灭，用火柴头上那一点黑炭粉画眉毛。用手蹭点大红色纸（这种纸的一面附着红颜色，一蹭就掉）上的颜色，擦在脸颊上，就是腮红。先把唇润湿，再把大红纸有色的那一面朝外对折，放在唇间抿一下，就是口红。即使这样的简易化妆也是很少有人做的。到60年代，大城市的大百货商店里才开始有极少数的口红、胭脂、眉笔一类的化妆品，但买的人很少。

一般的人甚至没有护肤的概念，只是到了寒冷干燥的冬天，因为皮肤皲裂才用一点蛤蜊油或甘油，稍讲究一点的用国产的"雅霜""蝶霜""百雀灵""友谊"等牌子的雪花膏。在那个年月里，市场上是没有香水的，祛痱止痒的花露水就有了香水的功能，有人将其悄悄地洒在手帕上，权当香水使用。

新中国的儿童被称为"祖国的花朵"，他们"生在红旗下，长在阳光里，戴着红领巾，穿着花衣裳"。他们是唯一允许穿一些花哨服装的人群，像海军衫、花布裙、苏式宽背带学生裙。

新中国的少年先锋队的服装是全国统一的，要求整齐划一，突出少年儿童朝气蓬勃。规定每年五月至十月，男女学生一律穿白衬衣，深蓝或学生蓝色制服裤子（炎夏可为短裤），戴红领巾。后来女生改为长及膝盖的深色裙子。1952年以后，改为花裙子（花色图案不拘）。女生的裙子有时还加上带有纵褶的宽背带的彩裙，色彩明丽。但在五六十年代，由于物质匮乏，故在童装上实际无法实现"祖国花朵"的梦想。加之当时中国又存在多子女家庭的实际情况，"新老大，旧老二，破老三"的说法恰是那个时期的真实写照。

1959年政府大赦，末代皇帝溥仪穿着中山服走出高墙，他和其他所有获得大赦的战犯一样，几乎可以选择的服装只有中山装了。这样的穿戴也是被改造且服从改造的必要符号。其妻李淑贤后来回忆道："国家先后

发给他几套较好的制服，是每逢会见外宾的时候才舍得穿的。此外，他还
有两套制服：一套是蓝咔叽制服，特赦后由国家发给的，平时每天都穿着
它；另一套是黑色中山装，那还是在抚顺战犯管理所时所发，早已经穿得
发白了。"[12]

　　50年代后期，政治气氛越来越"左"，全国上下也越来越统一，统一
的思想、统一的行为、统一的着装。过往的那些所谓"封、资、修"服饰，
成为了以后运动中直接或间接的革命对象。

12
长春市政协文史研究委员
会编:《末代皇后和皇妃》，
吉林人民出版社1984年
版，第330页

1960年代

懵懂的孩子也必须遵循 60 年代
的极左政治时尚

第 七 章

1 9 6 0 年 代

　　步入 60 年代后，中国面临着经济、国际关系等方面的严峻挑战；与此同时，政治上的"左"倾思潮却愈发严重，国内权威报刊连续发表社论，强调时时处处都要"突出政治"。随着"阶级斗争""路线斗争"的气氛越来越浓，"山雨欲来风满楼"，一场席卷全国大地的政治运动正在酝酿。

　　1963 年 4 月，国家主席刘少奇偕夫人王光美出访印尼、缅甸等国。王光美身着旗袍，戴着项链，光彩照人。旗袍，在国内是久违了的，一部分人心存疑虑：旗袍、项链是无产阶级的吗？

　　那一年，宋庆龄主持中国福利会 25 周年纪念大会。人们注意到，这位一向穿着旗袍的国家副主席改穿了女干部装。

　　1965 年 7 月，在北京机场举行了欢迎前国府代总统李宗仁回国的仪式。从飞机上走下的李宗仁身着西装，夫人郭德洁身着旗袍，前来迎接的干部们则清一色的中山装或女干部装，反差十分明显。

　　服装符号的政治隐喻在这个历史时期尤为明显，尤为敏感。

　　1966 年，随着政治斗争的升温，中国大地开始了一场以文化命名的革命运动，红卫兵率先在"破四旧"的口号下，上街扫除"封、资、修"的服饰。服装成为了政治运动的祭品。

1966 年 8 月 18 日，一批北京市东城和西城的红卫兵纠察队的代表，穿戴着黄军装、黄军帽、红袖标，系上武装皮带，被请上了天安门城楼。身穿绿军装的毛泽东会见了他们，接受了他们的袖标并对一位叫宋彬彬的女学生说："要武嘛！"于是，这位女红卫兵便改名"宋要武"。第二天，黄军装便成了"文革"中最革命的服装，也是最时兴的装束，当然还得佩戴上红袖标和毛泽东像章。这种政治宗教性服饰很快在 960 万平方公里的土地上传播开来。

政治上的潘多拉之匣被打开，黄绿色军衣裹挟着"要武"的红色风暴肆虐十年之久……

1. "数字化生存"——票证年代

1954 年，政府提出了计划收购和计划供应，根据地域、城市及其他三六九等，全国开始施行各种票证：粮票、布票、棉花票、肉票、糖票、棉线票、胶鞋票……不胜枚举，凡是经历过那个年代的人都深刻体会过票证的数字威力。因为要起到限制消费的作用，印发了极小面值的票证，布票的最小面值是一厘米（新疆发行），肉票的最小面值是三钱（华侨特供）。

天安门前每天"朝觐"者众，他们的衣服近乎一样，姿态近乎一样，但他们眺望的或许是不一样的远方（朱宪民摄／fotoe 供）

布票提供了穿的可能，同时更大程
度上限制了穿的需求（作者收藏）

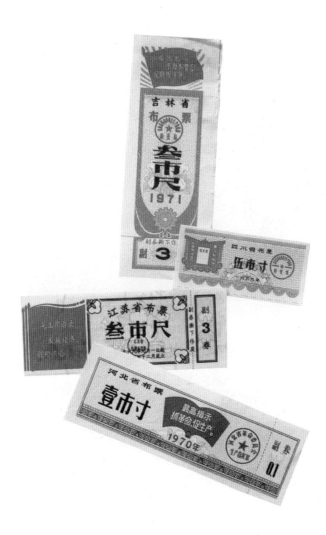

以最美的打扮到照相馆留影，当
时的布景体现出生活的美为政治
所笼罩（丁兵杰供）

简朴的服饰在那个年代是最具社会认同的（郭联庆供）

男女着装的简单朴素，除因物质
短缺，更多的是"左"风的导向
（窦砺琳供）

1960年上海街头宣传卫生知识的红领巾们，衣着上已找不出海派的时髦

乡村女性多穿色织格布的棉袄罩衣

60 年代的 "四清" 运动开始 "割资本主义尾巴"，在当时，粗陋马虎的（包括服装）才是社会主义的（田鸣供）

"文革"前一个德语班的毕业照，
衣饰毫无洋气可言（郭联庆供）

文化革命中山西临县某公社，村民们衣衫简朴，神情木讷，均持"红宝书"（顾棣摄／fotoe 供）

孙慈溪的油画《天安门前》（局部）准确刻画了农民们的装扮和喜悦

衣饰上的单调，掩不住国人乐天
的天性（黄宗江供）

"缝缝补补又三年"的真实写照
（窦砺琳供）

作家张贤亮曾黑色幽默地称之为"数字化生存"。

在相当有限的供应情况下，1957 年 8 月 16 日，国务院再次批准商业部《关于减少棉布供应的报告》，其大意如下：城市多减，农村少减；取消职工、干部、学生同市民的差别；节约工业用布和公用布；每人棉布供应量从 1956 年的年二十尺六寸五减为十六尺等，实际上各地供应得更少。有一年天津每人只发布票三尺七寸，做条短裤都不够，天津师范大学一位教授回忆起那个物质短缺年代：有位教师用补助的布票勉强做了件棉衬，就没有布票买布做被面和被里了，晚上只能盖着棉花套睡觉，起床后全身沾满了棉花，人送外号"圣诞老人"；另一位教师身高一米八，拿到发给的三尺七寸布票后，调侃说只能做个屁股帘子，"文革"期间，就是这么一句玩笑话使这位教师背上了"恶毒攻击社会主义"和"对现实不满"的罪名。[1]

那时的布票十分珍贵，通常将全家的布票集中起来，才能够给一个成员做衣服，所以一般情况下是不轻易花布票做新衣服的。不够做新衣服，

1
汤吉夫：《布票的故事》
《票证旧事》，百花文艺出
版社 1999 年版，第 46 页

当然破旧衣服就得缝了补补了缝，买少许布来打补丁是每家每户的基本家务。那时候，街边的小裁缝铺里的缝纫机或家庭缝纫机的最大功用就是密密麻麻一圈圈地车缝补丁。

中央电视台主持人敬一丹写过这么一段文字：

> 小弟弟从出生就总是穿姐姐、哥哥穿小了的衣服，衣服上总是这儿一个窟窿，那儿一个三角口，我补衣服的本事就是小弟弟给练出来的。可是家里的包袱里也没有几块像样的补丁，姐姐在兵团还不时来信说："给我寄点补丁来吧。"因此补弟弟的裤子的时候，一个裤腿上就五六块不那么合适的补丁。有一次妈妈回来了，花布票买了一尺布，用一块大补丁覆盖了那裤腿上所有的小补丁，我却很为那一尺布票心疼……[2]

发布票、棉花票，客观上抑制了人们对更多服饰的需求，即使60年代后期起步的化纤工业生产的维尼纶、的确良衣料也未能缓解穿衣困难，布料的缺乏是这一时期服装单调的客观因素。

60年代初正值自然灾害的困难时期，中苏交恶，国家提出"自力更生""艰苦创业"，甚至还要"勒紧裤腰带还债"。另一方面，1959年"反右倾"之后，政治上愈发向"左"，又喊出了"割资本主义尾巴""批修正主义"等口号。于是，衣着讲究就等同于资产阶级生活方式，也等同于革命的对象。这时服装的"破"和"旧"是特殊年代里最革命的符号，是"反修防修"的政治需要。服饰标准由此而走向怪圈，山雨欲来的腥风气息已经可以嗅到了。

政治活动的深入，基本上将个性化、人性化的服饰完全排除了，当时社会政治所允许的服装就是中山装、人民装、红卫兵装、两用衫、工作服等，颜色只有蓝色、灰色、草绿色、褐色，而最多的就是蓝色、蓝色、蓝色。后来的一位作家却用浪漫的语言颂扬了蓝色：

> 朴素的蓝色，唤起我对少年时代穿着的记忆。除了军装的草绿，蓝色在那时最为普遍。我至今还记得自己对着镜子，为蓝褂子系上最后一个扣子时的那份郑重。草绿色的流行带有鲜明的意识形态色彩，

2
敬一丹：《我管布票的日子》，《票证旧事》，百花文艺出版社1999年版，第78页。

"假领子"的发明，充分体现了
民众在逆境下生存的才智和能力

它几乎成了一种颜色崇拜；而对蓝色的偏好，不仅流露出人们在着装用色上的含蓄与谨慎，更重要的，蓝色使人们在贫寒中保有适度的自尊。红色危险，白色挑剔，黄色轻佻，紫色奇异，惟有蓝色沉稳、内敛、温静、亲切。它不但禁脏，而且几乎可以和任何一种衣裤搭配，在衣服不能被轻易舍弃的年代里，它的使用价值刚好和它的气质呼应。蓝色像山野间的平民，安静地承载所有悲喜。[3]

计划经济下的国营纺织厂只生产那些经久耐磨的面料——朴素耐脏的蓝色或深暗色彩的咔叽布、劳动布等等。50 年代兴起的"灯芯绒"布是当时的时髦货，面上有凸起来的条纹，略有光泽，北京方言称之为"条儿绒"。其质地厚实耐磨，以蓝色、褐色、黑色居多。当时民间嫁女，娘家少不了要给女儿做两条灯芯绒的裤子当陪嫁品。男女恋爱时，男方如果给女方买了条灯芯绒裤子，则会得到女方的莫大欢心，甚至以此作为订婚礼物。

纺织面料的严重匮乏，造就了那个时代服饰的另类：用面粉口袋做内裤；用农药包装袋做外裤；买几块大手绢做肚兜式内衣、简易胸罩；用劳保手套拆线编织线衫线裤，这些来自民间的聪明才智通过报纸配图介绍之。上海曾介绍一位叫蒋阿根的裁缝师傅，他发明了一种省料裁衣（所谓套裁）的方法，即不依布料经纬向排料的非科学方法。诸如此类的方法还有：将衣服做成活里活面，这种好拆洗的衣服很受欢迎；还有因为毯子不要布票，买来之后染成藏青色，做成冬大衣；社会上还恢复了过去的所谓"翻新衣"业务，即把内里翻到外面做面；把过去的西装改成中山装；把大人的衣服翻改成小孩服装等。实在破得没法补的衣服就被拆开，用作其他衣服的补丁。

"假领子"正是出现在那个特殊时代的一种特殊服装，实际上是真领子、假衬衫，即只有领子而无衣身的服式，常常是套在破旧的内衣上，外穿毛衣和外套，只露出领子以充完整的衬衣。人们没有能力添置新衬衫，为了顾及外观，创造了这种特殊的服装，起到了满足人们装饰美化的愿望，以及方便换洗的作用。这种中国特色的"服装"，盛行在六七十年代，无论男女老少都有穿戴。

毛泽东警告全党全国："要警惕修正主义！"其实中央对"修正主义"

勇：《蓝印花布》，作
出版社 2003 年版，第
2 页。

并无准确的解读，绝大多数人们都盲目地相信那些好看的、漂亮的服装、配饰就等于资产阶级，就等于修正主义。那年月，一个人的服装往往关乎其政治生命，诸如此类的评价有："这个人好打扮，思想上修了"，或者"常穿补丁衣服，这是好同志"。

《雷锋日记》于 1963 年出版，毛泽东及时地为全国人民选择了那个年代的社会偶像。雷锋那补丁摞补丁的衣服、袜子同其他事迹一样，成为了雷锋精神的象征物，成为了着装的样板。

2. 不爱红装爱武装

1961 年 2 月，毛泽东挥毫写下七绝《为女民兵题照》，他以政治家的浪漫情怀赞扬了衣衫朴素、不施粉黛的中国女民兵。

> 飒爽英姿五尺枪，曙光初照演兵场。
> 中华儿女多奇志，不爱红装爱武装。

在那个充满激情的年代，这首诗不胫而走，很快被谱成曲子，广为传诵。全国年轻女性纷纷响应领袖号召，脱下红装，洗净铅华，穿起军装样式的蓝灰衣衫。蓝灰的制服取代了花衣衫花裙子，大辫子变成了短发、羊角辫，这就是中华女儿们理解的新风采、新形象。

"爱红装"还是"爱武装"，早已不是穿什么衣裳的问题，而是革命不革命的问题。换言之，具有女性化特征的"红装"是要不得的。

建国后的"男女同装"是中国服装史上的特殊现象，因为毛主席说了："时代不同了，男女都一样""妇女能顶半边天"。共产党把妇女解放看作是社会主义革命的一部分，要让她们发挥巨大的"半边天"作用。

以往带有男性性别倾向的职业，从当兵打仗到采矿驾驶等，新中国的女性统统都可以加入。"半边天"形式的妇女解放，依据的是一种绝对平等的无性别原则，即把女人、男人绝对地一样对待，无视性别差异。建国以来，中国妇女不仅以这种完全男性化的标准要求自己去努力地顶起"半边天"，而且摒弃一切女性化的要素，从思想到外表，从言行方式到衣着

女民兵们打靶归来——当年毛泽东赞扬的"不爱红装爱武装"

打扮，由于"革命女性"没有自己的标准可依，于是只有一切都向革命的男性看齐。

无论这半边天还是那半边天，人们普遍忽视了"半边天"的男性规范对女性的异化，在新的社会文化规范中，女性只有阶级性、党性、社会性、人民性等特征了，唯独没有了女性。一位女士回首当年时说：

> 我就不穿妈妈做的新衣，专拣妈妈或哥哥不要了的旧衣服穿。还嫌不够朴素，我就抓紧阳光强烈的日子，用肥皂反复洗一件衣服，洗完就晾到太阳底下晒，如此反复……晒褪色了的衣服，再拿深色布头儿打上规整的补丁，着重在领子、肘部、膝部和臀部。[4]

□梅：《不堪回首说补丁》，
□服饰情怀》，天津人民出
□社 2000 年版，第 31 页。

工农兵中女英雄形象与男英雄形象一样，女人不惜放弃女性化的特征。

316

当时舆论照片宣传的是，我们的
衣裳简朴，但我们的斗志昂扬

那种属于女性的优雅、委婉、含蓄、温柔、细腻甚至整洁等特点消失殆尽，而爱武装的新女性形象成为当时标榜的形象，这是"绝对平等"原则的文化心理的反射和"妇女解放"概念异化的呈现。最被褒扬的美是劳动阶级的美、粗犷的美、朴实的美，女性美被抛出欣赏的范围。美丽女性已经被"铁姑娘""娘子军"这些词替代。虽然冠以"姑娘"之称，但她们已经成了只有"一副肩膀两只手，一根扁担两条腿，誓叫大地换新颜"的风风火火、粗粗糙糙、大大咧咧的"姑娘"。在服饰上出现了男性化趋向，女性穿上和男人一样的列宁装或人民装等，服装的色彩也以蓝色、绿色、灰色为美，只有到了节日，才可以穿花棉布的中式棉衣。倒是农村女性较多地保持了中式花布衫袄，但款式、裁剪相当简单，甚至雷同。

剪短发或直发梳辫，不施脂粉，脚上蹬的是布鞋，身上穿的是布衫，服装裁剪得绰绰大大，女装的腰省胸省技术可有可无。

这种改变是社会政治革命的直接后果，它与欧美从19世纪中叶开始的自觉争取自身权益的女权运动不同，是有着浓重"革命功利主义"色彩的无产阶级妇女解放运动，成为一种新的习惯势力和心理定式。如此的妇女解放，因其超越了人的生理现实，偏激、过度、夸张地强调了男女平等，从而导致中国人性意识的失衡，"不爱红装爱武装"不过是这种失衡的表征而已。

3. 造反狂飙与"红卫兵装"

1966年6月，清华附中的一批激进的年轻人率先贴出大字报，提出"造反有理"，大字报署名"红卫兵"。

"红卫兵"得到了领袖的支持，于是全国的青年学生们都打起了红卫兵的旗帜，并迅速发展到全国各地，红卫兵成为最令人羡慕的称号。1966年以后的两年间是"红卫兵"运动的鼎盛时期。"红卫兵"们"破四旧"、横扫"牛鬼蛇神"、"大串联"、"揪走资派"、"罢官夺权"，他们能量很大，"战果"很多。

"红卫兵"运动是在极左思潮驱动下，为了所谓"巩固无产阶级专政"而发起的一场全国性青年学生运动。具有"造反"意义的红卫兵组织在中国大地上横空出世，他们以盲目的热情开始，继而到疯狂、荒唐，又突兀地结束。但这股红色"造反"的狂飙强烈地震撼了中国社会。

最初穿着红卫兵装的就是登上天安门城楼的几位中学生，他们是红卫兵装的始作俑者。"红卫兵装"实际上只是一种黄绿色的旧军装，最早穿着的年轻人大都是军队干部子弟，穿的是军衔制时的旧军服。在当时整个社会"老子英雄儿好汉"的"血统论"影响下，他们穿上父辈洗旧的军装，左臂佩以"红卫兵"袖章，以示自己是革命的红色后代，是当然的"革命接班人"。这就使"红卫兵装"从一开始就显示出了浓烈的政治倾向、血统优越的"阶级"意味和准军事色彩。

红卫兵装和"红卫兵"运动迅速被推向了高潮，这种装束也成为最革命、最造反的服装，成为紧跟伟大领袖的标志，很快在全国范围内发展成黄绿色的洪流。军绿色成了中国"文革"早期和中期的"流行色"。

典型"红卫兵装"的基本配置是：旧军装、旧军帽、武装皮带、解放鞋、红袖章、军挎包，挎包盖上绣有鲜红的"为人民服务"字样，胸前佩挂毛泽东像章。这样的行头成为最受年轻人青睐的"时装"。当时，大孩子抢小孩子的军帽，大院里晾晒的军衣军裤被窃的事件时有发生。没有军人背

左：一张"文革"圣地天安门前的留影记录下红卫兵们的装束（傅靓供）

右：红卫兵装成了"文革"时期的准军事服装

1966 年红卫兵掀起 "破四旧" 狂潮

以绿军装和红宝书为符号的"文革"狂飙席卷全国

红卫兵袖章在当年是最革命最时尚的"饰物"了

这是典型红卫兵装的配置，油画
《姐姐的肖像》局部（吴晓洵作）

红卫兵自诩为"旧世界的批判者"

景的孩子，羨煞那一身黄绿色。相声表演艺术家冯巩曾记叙了他对军绿色服装的向往：

> 让我记忆最深刻的是那套绿军装，"文革"时期，军便装是"革命"的象征。有一年春节前，为了让我有这么一套服装，我妈撕下了家里的被褥里子，我跟着一起动手，煮了一大盆水，再倒进染料，把那白布染成草绿色，请我姑做了一件军服。裤子是我做的，我把旧裤子拆开，凭着自己的美术基础，照葫芦画瓢，硬是做成了。当年我穿上它们时，觉得神气极了。[5]

先是中学、大学的青年学生成立了红卫兵组织到处串联，后来城市里的年轻工人也加入进去。红卫兵们和青年们穿着绿军装，手挥"红宝书"，进行了"北上、南下、西进、东征"的"革命大串联"。他们所到之处，痛砸所谓"封、资、修"的东西和揪斗"走资派"，举行大大小小的批斗会，抄砸了无数个家庭。"文化大革命"之火迅速燃遍了全国城乡，"红卫兵装"这种革命服饰也随之传遍全国。逐渐地，"革命"行动从"破四旧"滑向了混乱、派性、暴力和无政府状态。最后，他们接到了新的最高指示，穿着绿军装上山下乡去接受"贫下中农再教育"。

生在新中国长在红旗下的红卫兵们，接受的启蒙教育就是"听党的话，跟党走"，这也成为他们真诚信奉的人生原则。但在盲目的政治热情驱使下，他们以"左"倾思想和毛泽东的指示为圭臬，高举"造反有理"的大旗，却使全国陷入万劫不复的大动乱之中。红卫兵盲目幼稚的初衷并无恶意，可惜他们却成为错误空想的祭品。[6]

红卫兵运动使"红卫兵装"成为"文革"最典型的服饰，成为一种传达性极强的政治代码，这种极具政治象征意义的服饰，是那个令人惶恐、心悸和悲伤的年代的显著表征。直到几十年后的今天，很多当年遭了殃的老人仍不敢、不愿看见这身"服装"！

冯巩：《童年真好》，《票……旧事》，百花文艺出版……1999年版，第12页。

见江沛：《红卫兵狂……》，河南人民出版社……994年版。

4. 席卷"四旧"服饰残云

"破四旧"最早是在 1966 年 6 月 1 日《人民日报》的社论《横扫一切牛鬼蛇神》中明确提出的，并为中共八届十一中全会通过的《十六条》所肯定，即"打破一切剥削阶级的旧思想、旧文化、旧风俗、旧习惯"。那些狂热的红卫兵小将，迫不及待地走上街头，以"革命"的名义开始了"让毛泽东思想照亮每一个角落"的"破四旧"运动。

这场运动涉及到社会文化的方方面面。在意识形态领域里的"破四旧"，是对历史流传下来的传统物质和非物质文化的大摧毁，是文明史上最不能原谅的野蛮无知的行为。商店、街道、公园、医院、学校等统统被改成有政治色彩的名称。[7]继而，各地许多具有高度艺术价值的名胜古迹被捣毁，无数精美的雕刻、佛像被砸碎，价值连城的历代名人字画、藏书被焚毁。[8]

就连个人的衣着打扮也首当其冲地面临着革命的洗礼，所谓"封、资、修"服饰是指不合"无产阶级口味"的发式、服装、修饰，所有西装、旗袍、高跟鞋，或花哨特殊一些的服饰品都在劫难逃。1966 年 8 月 20 日，北京第二中学的红卫兵首先在市内主要街道上贴出题为"向旧世界宣战"的大字报，年轻人铿锵而亢奋地声称：

> 我们是旧世界的批判者。我们要批判、要砸烂一切旧思想、旧文化、旧风俗、旧习惯。所有为资产阶级服务的理发馆、裁缝铺、照相馆、旧书摊……统统都不例外。我们就是要造旧世界的反！……"飞机头""螺旋宝塔式"等稀奇古怪的发型，"牛仔裤"、"牛仔衫"和各式各样的港式衣裙，以及黄色照片书刊，正在受到严重的谴责。我们不要小看这些问题，资产阶级的复辟大门，正是从这些地方打开的。我们要求在最短的时间内改掉港式衣裙，剃去怪式发样，烧毁黄色书籍和下流照片。"牛仔裤"可以改为短裤，余下的部分可做补丁。"火箭鞋"可以削平，改为凉鞋。高跟鞋改为平底鞋。[9]

在红卫兵"破四旧"的口号声中，全国各地大中城市的主要街道上纷纷设立了红卫兵"破旧立新站"。他们在大街小巷审视路人的发式与衣着，

领袖的像章成为人人必备的"装
饰品"（上图张茹供）

或用剪刀铰发，或撕剪衣裤。最初他们针对那些西装、旗袍、港式服饰，诸如包臀细腿裤、高跟鞋、胸针、项链、烫发、"飞机头"等。后期，就连普通的裙子、简单的吹分头也在所难免，甚至姑娘的长辫也会遭劫。有一篇回忆录记述了1967年天安门前，几个红卫兵企图剪去维吾尔族姑娘的辫子，虽经维吾尔族同胞解释了新疆风俗，手持剪刀的红卫兵仍强词夺理说："长发就是'三家村'的人。毛主席教导我们'凡是敌人反对的，我们就要拥护；凡是敌人拥护的，我们就要反对'。敌人喜欢长发，应当剪掉！留长发就是不革命。"此等荒谬，绝非罔言。[10]

1966年8月23日，北京的一些红卫兵将北京市文化局集中收存的戏装、道具当作"封建残余"堆放在国子监大院当众纵火焚烧。[11]也就是那天，剧作家老舍在那里遭到红卫兵的批斗和侮辱，第二天，这位文学大师步入太平湖，离开了这个世界。他带走的是尊严，是人格，以及身上简朴的衬衫、裤子、千层底布鞋。

天津红卫兵组织还发出"通牒"，要求停销具有"资产阶级生活方式"的商品。仅天津劝业场停销的商品就达582种，其中包括化妆品、各种鞋油、纱头巾、女式手套、各种花扣襻、塑料花发卡等。天津塘沽海关的职工把大檐帽、关徽、臂章、铜扣统统视为帝国主义旧海关的标志和"封、资、修"的货色而弃之。在上海市，理发店的职工在红卫兵的鼓动下，提出了"革命性"的措施：取消了诸如剪指甲、美容、磨面等服务项目；医院口腔科取消了洁齿服务。一些服装店铺在更名后，又贴出对联："革命服装大做、特做、快做；奇装异服大灭、特灭、快灭"，横批是"兴无灭资"。就连一些服装裁剪书中也出现具有"革命性"的前言：

> 同样一件衣服，无产阶级认为"怪"，而资产阶级认为"美"，就是因为两个阶级各有各自的标准……无产阶级坚决抵制资产阶级的奇装异服，就是为了打退资产阶级在生活领域里的进攻，为了巩固无产阶级专政。[12]

"左"风甚嚣尘上，狂热的激进分子认为服装式样、发型式样同样存在着"阶级斗争""两条路线斗争"。就连当时国家主席刘少奇夫人王光美

10
马启忠：《剪辫子的故事》，《天安门前》，解放军文艺出版社1999年版，第84页。

11
《一块"造反"去》，《人民日报》1966年8月25日第2版。

12
天津市红星服装厂编印《男制服裁剪》，1967年版。

"文革"年代的照相馆里，祖孙两人从衣装到姿态都不得不合乎那个年代的政治语境（余金芬供）

毛泽东的像章和语录本是在照相馆里拍照时必需的"道具"（余金芬供）

也无法幸免，她因曾随夫出访印度尼西亚期间穿过旗袍，就被认为是"腐朽的资产阶级作风"而被批判、被羞辱；还有一个造反组织竟勒令国家副主席宋庆龄改变其代表"封建残余"的发髻，后经周恩来总理出面劝解才幸免于难；一些"黑帮分子"被不止一次地剃"阴阳头"；在批斗、游街的现场，各种"分子"还要被戴上纸糊的高帽子示众。学者季羡林在他的《牛棚杂忆》中写道：

> 我目睹了一次批斗走资派的会……一个西装（或者是高级毛料制服）笔挺的走资派——大概是局长之类——从车上走了下来，小心翼翼地从车的后座取出来一顶纸帽子，五颜六色，奇形怪状，戴到了自己头上。上面挂满了累累垂垂的小玩意儿，其中特别惹人注目的是一个小王八，随着主人的步伐，在空中摇摆着。[13]

13
季羡林：《牛棚杂忆》，中共中央党校出版社1998年版，第39页。

毛泽东穿过的中山装，被西方人称为"毛装"

军便装以更符合老百姓身份的灰色、蓝色进入民间（作者收藏）

"破四旧"不仅毁掉了中国传统文化的物质积累,更极大地误导了中国人的意识观念和思维方式。红卫兵们凭着"无产阶级"的感情和"对毛主席的无限忠诚",到处"文攻武卫"。似乎只要砸碎了"非无产阶级"的物质,就可以建立一个"水晶般纯洁"的新世界。在这里,没有民主的论争和科学的分析,只有绝对的专制和服从。所以,"破四旧"运动不可能是任何意义上的社会改良或社会革命。

5. 服饰的"安全系数"

服饰是文化的一种外在表现,也是作为社会人的文化符号,它在社会关系中具有提供认同感和归属感的作用。符号化的思维和符号化的行为是人类生活中最富于代表性的特征,没有一种东西能比服装更具体、更贴切地表达个人的归属,同时,作为一种日常需求而不可回避。

政治诉求永远是服饰变迁中不可忽视的重要因素。然而,20 世纪 60年代像中国这样彻底的、决绝的服饰革命,是历史上绝无仅有的。它不仅延续了建国后 17 年间由政治运动所造成的服装变革的状况,而且随着政治的升温,17 年间所形成的一些错误服饰观念在"文革"中恶性膨胀,更加剧了这一错误。

在大讲"政治挂帅""阶级斗争"的社会环境中,作为个体,能够将自己融入无产阶级专政社会里的最佳方式,便是利用衣着服饰。作家冯骥才写的《一百个人的十年》记录了这样的真实故事:

> 我有套西装,淡蓝色的,只穿过一次。那次是元宵节,家里来了许多亲友,我穿上对镜子一照,也觉得挺好看,可事后就觉察这是潜伏在血液里的资产阶级意识露头,必须防微杜渐,消灭它在萌芽中,这套西装便一直挂在柜里,再没动过,直到"文革"抄家时被抄走。
>
> 我找到一种适合我的生活方式:
>
> 在单位积极工作争取领导表扬 + 尽可能普通平常的衣装 + 谨言慎行 = 安全系数。[14]

14
冯骥才:《一百个人的十年》,时代文艺出版社2003 年版,第 178 页。

"安全系数"的计算必须加上衣装,服装相当于伪装,这显然十分重要和十分必要。

所谓"文化革命",就是从服装开始的"革命"。红卫兵扛着"扫四旧"的旗帜,首先对所谓奇装异服进行了扫荡。"破四旧"运动成为打响这场"服饰革命"的第一役。红卫兵们都背诵着那段著名的"革命不是请客吃饭"的语录,以"革命"的名义践踏着人类创造的服饰文明。

烫发必铰,项链必扯,任何具有美化装饰作用的服饰都是"四旧"的,必须"斗垮批倒"。对女性严格到了不准穿裙子,甚至有激进的女红卫兵号召剪辫削发。当年一批山东红卫兵女将便身体力行,清一色板寸,穿红卫兵装,远看不辨雌雄,所谓革命彻底。

在那些近乎疯狂的日子里,服饰成为"革命"的标尺。为了适应这个尺度,中国人开始以极快的速度改变自己的装束。无论男女老幼,无论阶层身份如何,几乎都选择了类同的服装样式和单一的色彩——蓝色,以至外国媒体有"蓝蚁"之称。

服饰本身特有的审美属性被服饰衍生的政治属性所压倒,服装制式化和模式化也走向了极致。大一统的穿衣模式造就了民众思想的高度统一,从这个意义上来讲,这场"服饰革命"绝对是成功的。

6. 从"毛装"到"一军二干三工"

60 年代流行最广的服装,首推中山装。

中山装是中国 20 世纪最有代表性的服装,它体现了中国现当代政治的历史。解放以后的中山装与民国时期的样式相比,又发生了一些变化,主要取消了后背中缝,取消了上袋的褶裥,其实就是简化了。北京"红都"时装公司服装师田阿桐在为毛泽东制作中山装时,根据他的身体特点做了某些改动,将领子改为阔且长的尖领,前片与后片做得略宽,中腰稍微收敛,西方人亦称这种中山装为"毛装"。"毛装"应该就是中山装,但其精神与孙中山初创时不同,孙先生的中山装旨在体现民主革命的理念,但毛装就有了些许正统权威的意味。

中山装几乎成了新中国领导人的统一服装。政治领袖的取向自然影响

国家领导人选择的几乎全是蓝色、灰色的中山装，这是中国服装史上色彩最单调的时期

到民众，中山装遂成为最普及的服装。当然，民间的中山装制作较为简陋马虎，普通中山装多用棉布涤卡为料。

"文化大革命"中，中山装的制作就更加马虎了，样式肥大粗陋，穿在身上松松垮垮的。无论城市、乡村，无论工人、干部，无论老人、青年都穿中山装，其颜色主要是毛蓝、灰色，成就了中国服饰史上最为单调的时期。可叹这种曾代表民主自由的服装竟然成为一场极端的政治运动的符号。

60年代的军装是"文革"期间的时尚。毛泽东带头戎装，加之全国军宣队，军管会和有军人三结合的革委会，所以凡带"军"字的都吃香。军装、军裤，军大衣都成为抢手货。甚至姑娘嫁人也流行"一军（军人）二干（干部）三工（工人）"的标准。

60年代军装的样式是以中山装为基础，但用挖袋形式，袋盖没有明扣。

1968 年底，红卫兵们接到新的"最高指示"，身着绿军装上山下乡接受"贫下中农再教育"（李振盛摄）

手捧"红宝书"的年轻人，以"革命"的装束和"造反"的名义震撼中国大地

夏服为涤棉平布，冬服为棉咔叽布。而且陆、海、空三军的服装样式和衣料基本相同，只是颜色稍有区别。官兵式样基本相同，军官服共四袋，其中上口袋袋盖是暗扣，盖里有扣袢。士兵服只有两个上挖袋，扣眼为明扣眼。一律戴解放帽，佩戴红五星帽徽和红领章，即"一颗红星头上戴，革命红旗挂两边"。

军便服也是在"文革"时期开始流行的，军便服与军服的样式相同，色彩主要为军绿色，也有黄绿色。它与军服最大的不同就是扣子，军便服的扣子通体是全塑的。穿军便服有五个"不分"：一是性别不分，男、女都穿，款式统一、宽松肥大；二是年龄不分，老、中、青三代皆为一式；三是阶层、职业、地位不分，上至首长，下至普通职工都穿；四是季节不分，春秋当作单衣，冬天套在棉衣外边当外罩；五是场合不分，既作日常便服，又作出客服，均此一式，一穿到底。

军大衣也颇为时兴，军绿色的大衣款式为双排扣、明门襟、翻驳领，植绒领子，前身两个插袋，后身有装饰扣的横带并开叉。海军呢大衣则是当时的极品，款式和陆军的差不多，只是颜色为蓝灰色，且用呢料制作。但军大衣只有军人和样板团等文艺工作者才发放，民间有本事觅得军大衣的人是非常让人羡慕的。

工人老大哥的工作服也是当时的
"时装"

工厂里的工作服也可为"时装"。因为最高指示曰："工人阶级领导一切。"工作服通常比较宽松，材质有帆布、棉布、再生布等，多以蓝色为主。在当时，人们以在日常生活中穿工作服为荣，甚至出客、上街都穿工作服。

北方农村则以陈永贵式中式布袄为代表，在广大农村的农民们大多数仍保留穿中式衣衫的习惯。冬天城乡大多穿中式棉袄，外罩军便服、中山装等。

这个时期的女装是十分单调的，造型基本上是直线型的，款式和裁剪都尽量弱化女性性征。除红卫兵装外，女上装大致只有春秋衫和中式外衣。

五六十年代流行的春秋衫，式样为前翻一字领或八字领、四粒扣，领子可开可闭，两只大贴袋，直筒不显腰身，只在肩部或腋部有省道，略微考虑到胸部的立体，亦称两用衫。其实这种春秋两用衫不是两用，而是全能，夏天作衬衣，春、秋、冬季作罩衣。现今为时髦发愁的中年女性居然还"怀念"当年的一字领："回想二十年前，大家都穿一样的衣服，用不着特别操这份心思。曾经在一个相当长的时期里，一种'一字领'的两用衫便是最女性化的服装，因而大多数女性有这样一两件'出客衣裳'就行了。"[15]

中式外衣为中式立领，对门襟，或暗门襟，当时流行衣袖不连身，采用西式绱袖子的方法，有中式传统服装的构成，又采用西式服装的裁剪，面料以素色的咔叽布、平纹布、斜纹布居多。

布鞋、塑料鞋、橡胶鞋、皮鞋是这一历史时期的主要鞋种。从1965年到1968年，全国进行了"四鞋"调查，对三万双脚进行测量，制定出统一鞋号和统一鞋楦，将制鞋标准规范化。布鞋是"四鞋"中的主流，鞋面多采用黑丝绒、条绒、帆布等面料，布鞋包括有：懒汉鞋（松紧口布鞋，也叫橡筋鞋，鞋底有千层布底、塑料底）、老头乐（棉布鞋，形制多为单脸鞋，亦称单梁鞋）等。"文革"期间，一些以生产布鞋为主的老字号，如内联升、同陞和、步瀛斋，因为布鞋符合无产阶级口味而免遭劫难。

源自军队的胶鞋"解放鞋"，因其可以晴雨两用，舒适耐穿，价格便宜，除了军用外，在群众中相当流行。"白网"指白色低帮胶底帆布鞋，最初是一些文艺宣传队员的演出鞋，在当时，年轻人穿双"白网"则是十分的足下风光了。这时的皮鞋样式主要来自部队军官，多为五眼系带；翻毛大头皮

15
李庆西：《蓝色》，吴亮、高云编：《日常中国：80年代》，江苏美术出版社1999年版，第119页。

鞋也是具有工人和军人特质的鞋种。民间流传"不穿硬的穿软的，不穿勤的穿懒的"，硬的指皮鞋，软的指布鞋，勤的指系鞋带的鞋，懒的指懒汉鞋。

以后的江苏人民美术出版社出版过一本《中国油画百年》，编写者回忆说：当编至"文革"时期，站在那些画幅大小不同、政治取向统一、描绘水平相当的油画面前，一种感动油然而生——感动于中国普通民众的单纯轻信，感动于画家们的真挚虔诚。那是一个特殊的年代，一个奇怪的岁月。吴祖光之子吴欢在接受凤凰卫视的专访时，中肯地评价"文革"："庄严的滑稽，深不可测的浅薄，一本正经的扯淡。"

长期以来，整个中国相信、追随了一个又一个的政治空话和谎言，为"左"倾政治提供了存在的土壤。这些空话和谎言又波及和牵连到普通民众的生活，严重地降低了人们生活的水平和质量，60年代的衣衫就是见证。

第 八 章

1970年代

南京长江大桥上的合影定格了
70年代的政治氛围和人们的穿
戴（余金芬供）

第 八 章

１９７０ 年 代

　　刚刚进入 70 年代，中国大地依旧弥漫着浓郁的革命火药味，服饰上的
"革命法令"尚未解除，百姓民众的服饰装扮单调乏味到了极点，千人一面，
万人一式。著名的意大利电影导演安东尼奥尼（Michelangelo Antonioni）
在 1972 年拍了纪录片《中国》后感慨地说：在中国的每天，从早到晚，马
路上染上了一片蓝色，成千上万的蓝衣人骑车上班，川流不息的自行车占领
了整条大街、整个城市，那种感觉就像是八亿蓝色中国人在从你的眼前走过。

　　最苦了那些爱美年纪的少女们，她们欲美不能，于是偷偷传来借去已
破破烂烂的中外文学禁书、手抄本小说、外国民歌集，渐渐地，"资产阶
级""修正主义"思想抬头，于心底深处向往起冬尼娅的连衣裙和林道静
的旗袍……

　　70 年代初，中国外交政策的缘故，倒让中国人在新闻电影上看到了中
国之外的"奇装异服"。柬埔寨那位美丽的西哈努克亲王夫人，每次随夫
来访，必有新闻纪录片上映，她那回回不同的华丽衣服刺激了国民久已麻
木的美感；还有阿尔巴尼亚故事片中女性身上的各式裙子，让中国观众多

中山装成为"文革"期间单一的
服装样式,被附加了某种极左的
政治意味。这件雕塑作品有个耐
人寻味的名字:衣钵(隋建国作)

多少少找回了一些对性别服饰差异的判断力。

　　最让人吃惊的是,1971年4月中国政府突然邀请了一批美国人到北京
访问:中国乒乓球队在日本名古屋参加世界乒乓球锦标赛时,邀请了美国
乒乓球队访华,这就是著名的"乒乓外交"。那个年头,美国人能到中国
来就像到月球上去一样的不可思议;同样,闭关多年的中国人看到头号帝
国主义的美国人,也像见到了外星人。美国佬的衣着竟是如此的五花八门、
奇奇怪怪,美国队中有个名叫柯恩的小伙子留了一头的长发,着实计中国
人民大惑不解。……其实当时的欧美正值青年嬉皮文化流行。

　　中华大地与世界时尚相隔得那么遥远。

1. 荒谬年代的畸形审美

　　70年代初期、中期依旧是"文革"政治历史的继续,"政治学习"依
旧是社会生活中的头等大事。工人可以不上班,农民可以不下地,学生可

以不上课，唯独学习《毛泽东选集》，以及"斗私批修""批林批孔""反击右倾翻案风""评水浒批宋江"不能耽误。虽然政治运动还是一浪又一浪，但是该打倒的都打倒了，该下乡的都下乡了，靠政治学习明显改变不了的物质短缺，极左的政治阴影还在，但已渐渐退去了许多的浓郁。

广大民众的穿戴同样是60年代"左"风的继续，穿戴的讲究早已被批得如同过街老鼠而不见踪影。没有了色彩的服装、没有了美感的服装、没有了性别差异的服装比比皆是，由简朴直至简陋，千年衣冠王国的风姿不再。

建国以来，中山装、人民装等制式服装的普及，尤其是"文革"中在服饰上的极左思潮影响，使中国服装终止了自然演化的进程。一方面，"文革"的"破四旧"否定了中国的传统服装文化，包括形制、礼仪、装饰，传统服饰文化被一概批判之，割裂了民族文化的传统与历史；另一方面，中苏关系破裂，政治上反帝反修，使我们既丢开苏式服装，也拒绝当代世界上任何外来的现代服饰样式。在服装领域里既无历史传统，又不"拿来"，无"源"无"流"，服装必然苍白畸形。

畸形之一：朴素破旧美

艰苦朴素、勤俭节约本是中华民族的优良传统，于人于己于天地都是可取的思想和行为。然而，"文革"时期的极左思潮将艰苦朴素这个概念异化为一种政治态度，与"革命"与"政治"等同起来，扭曲了其本来意义。作家阿城以文学的语言描述了当年的"补丁"之"美"：

> 裤子的膝盖处，袖子的肘处，磨白了，还没破，将补丁补在衣服里面，这样的补丁叫暗补丁，外面看不出来。等到布磨破了，就把暗补丁拆下来补到外面，用暗针缝，针脚看不出来。除了这些，还有挖补、接补和织补。
>
> 织补最为细致。布上很小的洞，不适合打补丁，于是就按纤维的方向边缝边把交叉的线编织起来，大部分是平织，将线织成咔叽，没见过的人不会相信，听起来是有点过分。[1]

1
阿城：《补丁》，吴亮、高云编：《日常中国：60年代》，江苏美术出版社1999年版，第67页。

特殊年代拍全家福，人们选择当时最适时、最"好看"的服装（刘畅供）

"远看一大堆，近看蓝绿灰"，政治时尚会有惊人的一致性（胡武功摄／fotoe 供）

党号召"农业学大寨",大寨姑娘的朴素穿戴自然也成为全国人民的榜样(潘英摄)

"文革"时期人们穿着"无性差"的服饰,实是深层封建意识的回光返照

革命圣地井冈山的参观者都像他们的先辈一样素朴贫穷，当年称之为"继承革命传统"（傅靓供）

当时可选择的服装只有"老三样""老三色"，1977 年摄于南京

在现实生活里，补丁成就的并不完全是革命之美，还有一种说不出来的无奈。当年的老红卫兵回忆大串联时的一幕：

> 几个北方城市的中学生千里迢迢大串联来到了毛泽东的家乡——湖南韶山，为当地的乡亲们演出自编、自导、自演的文艺节目。大概是由于路途上的缠磨，其中两个学生的裤子上面的补丁实在是无法整整齐齐地连在裤子上了，可是又没有完全掉下来，非常尴尬地当啷在那里。不过这丝毫也没有影响他们饱满的热情。他们没有忘记把这革命的光辉形象拍摄下来，寄给远方的家人，鼓舞兄弟姐妹的革命斗志。[2]

在所谓"越朴素越革命"的思想影响下，为了避免"不朴素、不革命"之嫌，人们都不敢穿新衣服，不敢穿鲜丽色彩的衣服，连蓝色、灰色等暗色调的新衣服也恨不能反复搓洗褪色，以至于不那么簇新。还有一段时间，"艰苦朴素"口号更是被发挥得淋漓尽致，即越带补丁的衣服越革命，且补丁越多越革命，补丁成了最好的革命宣言。且看"文革"中的样板戏里"高、大、全"的正面人物形象，白毛女自不必说了，那李玉和、小常宝、郭建光等在衣着上都是简朴的、破旧的和打补丁的，从而成为了中国六七十年代的时尚标杆。

无独有偶，70年代西方国家也出现了以"破旧"为美的"反映对经济发达之现实社会的消极厌世和反叛情绪"的乞丐装。但彼"破旧"实非此"破旧"，此"破旧"表现出了窘迫的经济和政治的盲目。你破，他破，我更破，"破旧"倒成了度量人的一杆政治尺子，每个人都被别人用"破旧"度量着，每个人也都拿着"破旧"度量着别人。

畸形之二：无性差之美

"文革"时期特有的"无性差"服饰正是植根于社会深层的封建意识之树结出的丑果。

人之性别生理差异乃是天生、遗传、天经地义的，由此产生心理、意识、行为的差异也是正常而又正常的。而中国封建服饰文化中的糟粕，就包括了对女性的性别歧视和压迫。中国传统服饰在封建伦理纲常的教唆下，

2
侯杰：《主流生活》，天津人民出版社2000年版第134页。

"文革"时期的"艰苦朴素"口号在服装上体现得淋漓尽致，朴实无华的农民布衣和补丁服装成为革命的符号（刘蓬作）

350

那是一个忙于政治运动、对服装并无太多需求的年代

如此的"新闻"照片虽然做作，但大体记录了那个年代
知青的模样（胡武功摄／fotoe供）

唱"忠字歌"，跳"忠字舞"，穿革命装，走革命路
（傅靓供）

侧重于对人体的遮蔽，强调性别的隐藏而不是张扬。极左思想不过是封建服饰观念的一种变异，"文革"时期的服饰要求恰恰与封建糟粕文化相吻合，并将其发挥到了极致。"遮蔽"人体，包裹肉体，以弱化性别特征而最终达到忽略不计。

服饰的女性性别特征尤其要有意识地被弱化，否则就有可能被认为是思想不纯、作风不正。作家苏童写道：

> 70年代的女性穿着蓝、灰、军绿色或者小碎花的上衣，穿着蓝、灰、军绿色或者黑色的裁剪肥大的裤子。夏天也有人穿裙子，只有学龄女孩穿花裙子，成年妇女的裙子则是蓝、灰、黑色的，裙子上小心翼翼地打了褶，最时髦的追求美的姑娘会穿白裙子，质地是白的确良的，因为布料的原因，有时隐约可见裙子里侧的内裤颜色。这种白裙引来老年妇女和男性的侧目而视，在我们那条街上，穿白裙的姑娘往往被视为"不学好"的浪女。[3]

正如服装学者朱利安·鲁宾逊（Julian Robinson）所言："某些政府在特定的时期就会运用服装这一手段，试图通过统一服装来达到统一思想的目的。他们会不断地启示民众：只有那些经济、实用、朴素而不显形体的服装才是符合社会道德标准的。政治意义的服装在一些国家曾出现过。在当时的情形下，与其说统一的服装是团结、奋进的象征，不如说是单调、压抑、无个性的产物。"[4] 在这里封建传统观念居然与"左"倾思想不谋而合，这时所呈现的服饰已完全失去了审美的价值。"无性差"服饰是中国封建意识中丑陋意识的延续，正如一把大刀，残忍地砍杀了最基本的人性。

畸形之三：政治时尚美

1970年12月，毛泽东在接见美国著名新闻记者埃德加·斯诺（Edgar Snow）时，承认中国的确有"个人崇拜"的存在，并认为这是当时的社会需要。

当时，社会生产、社会生活等关系到民生大计的方面都处于一种无政府状态。人们的劳动积极性在经历过一次次的政治谎言之后，已渐渐退潮，工农业生产基本上是停滞和懈怠的，人民的物质生活水平越来越低。

3
苏童：《女装》，吴亮、高云编：《日常中国：70年代》，江苏美术出版社1999年版，第36页。

4
[澳] 朱利安·鲁宾逊著，胡月、袁泉、苏步译：《人体包装艺术》，中国纺织出版社2001年版，第146页。

相比之下，最不缺少、最有章可循的就是对领袖的个人崇拜。"文革"早期，在自上而下的引导下，红卫兵们喊出了"万寿无疆""万岁万岁万万岁""永远不落的红太阳"等虔诚的祝词。之后，崇拜的方式逐渐形成了规范，并渗透到社会各个角落和每个人的生活当中。一代伟人变成了全国人民顶礼膜拜的"神"，全国人民大唱"忠字歌"，大跳"忠字舞"；《毛主席语录》被谱上曲，编成"语录歌"；上班前、下班后对着主席像"早请示、晚汇报"；家家户户张贴领袖的画像；《毛主席语录》和《毛泽东选集》成为人手必备的圣典。

在极度个人崇拜的环境中，绝大多数人是无法明智且超然度外的。对领袖的崇拜导致了对领袖服饰的崇拜，也就是说，领袖的外观形象影响和感动了社会民众，形成了追随和仿效。绿军装的流行，就体现了人们出于领袖崇拜的从众行为。"革命的政治思想"就像一张大网，被捕上来的只有"老三样""老三色"。"老三样"泛指当时只能选择的中山装、军便装、人民装，虽然尚有中式袄衫、青年装等其他衣装，但"老三样"肯定是首选。色彩的选择就更少了，"老三色"指蓝色、绿色、灰色，这三种色彩基本囊括了这个时期的全部服饰色彩，"老三色"也整整统治中国大地十余年。作为点缀的是各色各样的"红宝书"和红像章，这两样是当时人们的必备"饰物"。

"文革"期间还有一种特殊的女性服装受到吹捧，就是"不爱红装"的女民兵服饰。女民兵基本形象是穿着素色或简朴的中式上衣，胸佩毛主席像章，腰间缠绕子弹袋，手握钢枪。著名的"海岛女民兵""铁姑娘班""刘胡兰连"等都是这身打扮，配合齐耳短发，成为当时的一种叫人敬慕的"美"。

甚至结婚的礼仪也变得十分政治化，婚服自然谈不上，这从当年《光明日报》上的一则报道可见一斑：

春节前的一个晚上，湖南省沅江县新华公社福安达队第十二生产队的社员们参加移风易俗的结婚赛诗会。这天上午，新娘照常带着全队妇女到地里干活。中午收了工，掸掸身上的灰，梳梳辫子，换了一双干净鞋，和爹妈打个招呼，就高高兴兴地到婆家来了。婆家全家人都到家门口欢迎她。在赛诗会上，新郎新娘和公公、大队领导和社员等纷纷朗诵了自己的新诗。在结婚晚会进行到高潮时，支部书记代表

所谓革命婚礼，婚服即干净的日
常服，而铁锹、镢头和"红宝书"
即新婚礼物（引自山东画报社版
《老照片》第37辑）

大队党支部把六本马列著作、两套《毛泽东选集》和一把锄头、一把
铁耙赠送给新郎、新娘。[5]

这样的报道绝非虚构。

在缺乏自由、民主的政治环境中，大多数人都不得不倾向于与政治态
势保持一致，不希望因个人衣着行为的偏离而受到政治上的指责、批判和
孤立。"文革"时期千人一面的着装现象，是政治对服饰进行干预的结果，
这是一个色彩单调、毫无个性的服装时代。

2. 徘徊的服装产业

在这样一个非常时期，中国人的服装面貌已经凋零得不成样子了，服
装产业也只是勉力维持。

一次移风易俗的结婚赛
诗会》,《光明日报》1969
年2月13日。

天安门广场是年轻人的圣地。
他们衣着朴素，神色崇敬虔诚
（蒋慰曾供）

人民英雄纪念碑
北京 1971

　　60 年代中期，在手工业合作化的基础上，组建了一批近代化集体所有制的服装企业，如北京衬衫厂、天津服装七厂、上海第一衬衫厂、石家庄新华服装厂等，服装工业有了初步的发展。

　　那时，尽管自制服装与手工作坊制作的服装占相当大的比重，但毕竟无法满足八亿人口的穿衣需求，批量化生产的成衣需求日益增加。从1965 年至 1975 年，服装产量从 3.85 亿件增长到 6.73 亿件，产值从30.5 亿元增长到 59.2 亿元。[6]

　　"文革"突变，许多服装厂纷纷更名。以北京为例，1966 年 8 月后，北京友联时装厂改名为"人民"；北京波纬服装店改为"东风""反帝"，后又改为"红都"；蓝天时装店改名为"卫东""永红""新新""人民服装厂门市部"；雷蒙服装店改名为"前进""新雷蒙""红卫""人民服装加工部"；北京造寸时装店改名为"红旗"……这种半自给性消费模式建立起来的工业体系，并没有因为更名就摆脱了旧手工业的模式而进入到现代产业的行列中。这个时期的服装企业以生产中山装、军便服、人民装为样板的"老三样"。这种服装批量大、品种少、几十年一贯制，"老三样"的服装不在乎卖多卖少，是计划经济下典型的"皇帝女儿不愁嫁"。

　　为温饱的生存型消费模式与压抑型生产模式的相互作用，使成衣加工业与消费市场之间形成了很深的"断层"，使服装业长期滞留在初级阶段。

　　半自给经济基础上的服装产业模式，一开始便与上游的纺织、辅料、

6
参见于宗尧：《服装工业的现状与发展》，《服装文化》（全国服装行业科技人员继续教育电视讲座教材，纺织工业部教育司编），1992 年。

那个十年不仅委屈了花季的少男少女，同样剥夺了所有人的生活之美（余金芬供）

设备失去有机的经济联系，与下游的市场销售也严重脱节。科研、教育、行业组织都得不到相应的发展，整个产业机体患有"先天不足，后天失调"的贫血症。这种相互脱离，造成了行业上下游的恶性循环和不良发展。这一时期的服装产业是奄奄一息、毫无生气的。

纺织印染企业笼罩在单调的蓝、灰、绿、黑、褐诸色之下，只有年轻姑娘和孩子还可以穿用少许相当简陋的小花卉或色织布的面料。

许多曾经很受人们欢迎的面料花样，被划为"四旧"之列，如梅兰竹菊、福禄寿禧、凤穿牡丹等纹样。为了紧跟政治形势的发展，体现"时代"特性，花布设计的内容加入了"老三篇""天安门""样板戏""长征""拖拉机""水压机""镰刀""红太阳"等具有政治色彩的图案。有一种单色格子衬衫料因革命戏剧《朝阳沟》中女主角所穿而得名"朝阳格"。这种布料多少带有一点变化和美感，是那时女性用于春夏季的全棉或涤棉平纹布料。

短缺经济限制了人们择衣的空间，加之低收入和低配给的限制，百姓根本无法选择喜爱的服装和面料。60年代末至70年代，国家开始发展化纤工业，新兴化纤布料中有的确良、尼龙、维尼龙等，主要用于衬衣的的确良以白色、蓝色居多，它牢固挺括、易洗快干，成为那个年代的时髦衣料。

的确良衬衫流行一时，款式单一，着法单一（蒋慰曾供）

"文革"时期，"红太阳""天安门""长征"等政治图像都必须加入到花布设计当中去（作者收藏）

中西式棉袄罩衣流行，但只有在
口袋、扣子或领口翻出花衬衫上
做少许女性化的装饰

花季女孩们穿上裙子在房顶"偷着乐"

3. 暗潮涌动

"文革"中期，当城市里的人们把知识青年敲锣打鼓地欢送走之后，"横扫一切牛鬼蛇神"和"破四旧"的风潮渐渐远去。轰轰烈烈的革命虽未结束，但是，人们对政治运动渐趋麻木和厌倦，老百姓的生活似乎也渐趋平静。人们开始用疑问的目光审视过去与现实，开始为压抑的生活寻求一点宣泄。在一片文化沙漠中悄悄流传着手抄本小说，像《第二次握手》《一只绣花鞋》等；还悄悄地流传国内外诗歌、散文和情歌，如《外国名歌 200 首》等；人们想方设法通过各种渠道寻觅那些幸免于难的文学作品。后来又有了供"观摩批判"的所谓内部电影……濒临干枯的心灵在这些少得可怜的文字和形象中努力寻求一点美的慰藉。

史无前例的"文化大革命"造就了中国服饰史上史无前例的冰河期，但是追求美的民族心理却是难以泯灭。

年轻人干脆对自己身上的衣衫进行小小的改良。那些表面上"不爱红装爱武装"的姑娘们开始动起了"爱红装"的心思，通过一些细枝末节的服饰变化来表达内心深处对美的向往：她们在晚上将刘海、辫梢儿用发卡卷起，第二天可以有短时间的卷曲波浪；在色彩晦暗的外衣里面穿一件浅蓝或淡绿的衬衫，领口和袖口有意无意地露出来。这些小小的点缀给色彩黯淡、样式呆板的服装世界增添了些许俏皮与活力。

城市青年中还兴起了改衣热，找裁缝将肥大的工作服、军装进行修改，使之合体美观。此风甚至影响到了军队文工团的年轻女兵，据南京军区前线话剧团女演员回忆：当年的军裤裆深腿肥，松垮得几乎可以装下两位苗条年轻的女演员。女演员们一个跟一个地请剧团的服装师傅改军裤，穿上合体的裤子让她们兴奋不已。可是好景不长，这种"爱美"倾向很快就被领导发现了，女演员们遭到严肃的批评并重新领到了又大又肥的军裤。

女裙的重新出现，是"文革"后期女子服饰最显著的变化。一些大城市里的姑娘们，又悄悄地穿起了样式简单的裙装，甚至将下摆升至膝盖，不知是否与当时西方正流行超短裙有关，但很快引起有关方面注意，某些商场贴出警示："请勿穿膝盖以上的裙子。"不过这些迹象意味着"文革"服饰的衰竭已为期不远了。一本叫《我们的七十年代》的书中记录了这样的细节：

> 即使是艰苦时代，她们亦不放弃对美的渴求。中国姑娘们会精心地把头发盘起，裸出鹅弧颈项，或者在衣襟上用小碎花打个褶，用针线把被子上剪下的朱红汇到一处，那份苛求与精致，思之是要令人落泪的。
>
> …………
>
> 那会儿在孩子中最流行穿白球鞋，出门前我们总用鞋粉把它刷白，再不成就直接用粉笔灰往上面抹。有些摩登的女青年还穿起了丝袜，但给人感觉过于暧昧，得使劲用长裙子捂着，既想展露出来又害怕别人看见，那表情好像在宣称："我美丽，但我依旧纯真！"[7]

人们通过星星点点的服饰变化有意无意地开始反抗了，这些行为在当时混乱的社会环境中，显得是那么的可爱和值得称道。

4. 委屈的女性

从"文革"期间到"文革"结束以后的 70 年代末，服饰并无太大的变化，男装依旧是"老三样"，中山装依旧是那个时期的主流服装。色彩依旧是"远看一大堆，近看蓝绿灰"。

通过那个年月的照片能够重新回忆起当时的男装女装：男人们通常穿着松松垮垮的蓝色或灰色棉布中山装，剃着三七分的发型，不知为什么而高兴着；女青年穿单色或格子布料的两用衫、衬衫，剪发或者扎两根长辫子，长辫子姑娘在人前的典型动作，就是将又粗又长的辫子拉到胸前抚弄，朴实而纯真。

这一代女性很委屈，这种委屈来自于扼杀一切美好事物和个人意志的时代。不同年龄的她们损失了十多年的美丽时光，被迫放弃了与生俱来的女性审美，只能与中性化了的简陋服装相伴。后来，一位女士写下了母亲和她自己对这种"革命"的反感：

晨编：《我们的七十年
》，广西人民出版社 2004
版，第 259、265 页。

与花无缘的花样年华

　　一个女人的青春短暂得就像是一个夏天。妈妈几乎没穿过几次那条布拉吉，就把它挂起来了。到了"文革"，这些与革命无关的衣服就老老实实地蹲在箱底了，只是每年夏天拿出来晾晒一次，见见久违的天日。我当时很奇怪，为什么箱子里这么多好看的衣服，妈妈却穿着那毫无样式可言的灰衣服或蓝衣服呢？为什么革命非要包括不许穿戴漂亮这样的内容，尽管我还是个小孩子，却仅仅从穿衣服这点上，隐隐反感这种生硬的"革命"了。[8]

　　70年代，女人们的专用服装基本还是春秋衫和中式袄衫。到了"文革"后期，人们开始对服装局部细节进行改造：领子变大变小，领角或尖或圆；口袋由挖袋改贴袋，明袋里面垫上海绵或绳子，用明线压出凹凸的线条，等等。纺织行业也开始恢复了一些美术设计，衣料颜色开始有少许变化；

8
李绮：《从前的布拉吉》，《讲穿》，海南出版社200□年版，第267—268页。

衣料品种上增添了各色宽灯芯绒和素格外衣呢、素条格布。

70年代后期，中西式棉袄罩衣普遍流行，西式装袖的中式立领外褂体现了最主要的女装变化。其他的变化表现在口袋和扣子上：暗袋、斜插袋、明袋、挖袋，扣子也由原来单一的"算盘扣"变化成有机玻璃扣、布包扣、琵琶盘扣等。面料也由单色平纹布发展到格呢、花布和的确良等。

这期间的女衬衫并无任何特色，一般是一字领或八字领，面料使用细布或府绸或的确良，分长袖或短袖两种。长袖衬衫的形制一般是：直摆、尖领或方领、接袖克夫（袖口），颜色以白色为主，辅之以淡蓝色和灰色，短袖衬衫与长袖同。一般都有些许肩胸省或腋下省，这已经是很了不起的时髦手段了。

有必要提及的是，"文革"后期曾出现过一种所谓"江青裙"的裙装。这位"旗手"突发奇想，设计了一种连衣裙式的裙装，自诩保持了民族特色，兼具"革命"意味。这种裙装上身是明式对襟绣花衫，下身连一条百褶花裙，中间用一根同色同质料的花腰带连接。为配合这种裙装，江青还叫人仿照制作了两种风格截然不同的鞋，一是传统戏中的"福子履"；另一种是唐俑脚上的鞋，设计出矮靿、千层布底、橡胶后跟、鞋头呈扇形的黑布鞋，人称"江青鞋"。这种服装并未正式命名，江青本人也未给予明确的名称，有的人称它为江青式的"布拉吉"，但更多的人戏称它叫"江青裙"。

颇为有趣的是，这种裙式也像政治运动一样，被自上而下地推行。首先号召妇联、革委会女干部带头穿着，甚至有些单位还以穿不穿这种裙子作为评定个人政治态度的标准。可是，"文革"大势将去，这种强制做法恰似强弩之末，不再有吓人的威势。在无人响应的情况下，"江青裙"不了了之。

5. "坛子"已打破

1976年，中国大地终于以粉碎"四人帮"的斗争胜利为标志，结束了这场长达十年的浩劫，中国人民开始感受到春天的温暖。邓小平的复出、党的十一届三中全会的召开、把经济建设放在首位、改革开放、恢复高考等等，使人们重新焕发出对未来、对新生活的热望。

恢复高考后入学的莘莘学子穿着极其朴素甚至土气的服装步入了高等学府

　　动乱结束，拨乱反正，改革开放的中国人穿什么？

　　当时"真理标准"的讨论尚未涉足服饰领域。正像漫画家廖冰兄的一幅作品：一个从坛子里释放出来的男子，虽然坛子已打破，但人依旧蜷缩成坛子的形状，穿的依旧是中山装。束缚已久的中国人当时还未从"文革"阴影下摆脱出来，虽然当时的国人刚刚感受到春天的气息，但尚未能真正生活在春天里。

　　所以，在70年代的最后几年里，中国广大百姓的衣着并无多大改观。1977年，恢复高考后上学的莘莘学子穿着极其简朴、土气的服装，从农村和工厂兴高采烈地奔向高等学府。

　　"文革"以后，军装渐渐在退隐，灰色中山装依然是主要礼仪服装。这一时期的主要政治领袖邓小平在出访美国时、在全国科技大会上、在十一届三中全会上都是穿着中山装，这使得中山装在这个开放初年的历史时期依旧风光。刚刚步入国际舞台和刚刚打开国门的中国都以中山装示人。中山装或曰"毛装",成为中国新时期的标志形象为世界所瞩目,继续扮演着中国政治服装的角色。

与政治领域相比,服装上的改观相对滞后。

70年代末的"短缺经济"状况尚未改善,这是重要的客观原因;更主要的是极左思潮带来的惯性和思想僵化、禁锢残存在人们头脑中。衣着的解放必须依托观念的解放,也必须依托经济的解放。

人们爱美的渴望迅速萌动,渴望美化自己和生活。但是,如何美化,如何穿着美丽,这一时期的人们已经没有了标准,失去了参照物,毕竟自我封闭的时间太久了。要把想穿变成敢穿,变敢穿为会穿,这是需要时间的。回首当年人们的敢穿,实际是乱穿。一些青年率先穿上当时从广东贩来的所谓时髦服装,的确是一些与"老三样"不一样的样式,与"老三色"不一样的颜色。人们要夺回十年动乱失去的青春,也要夺回失去的穿戴。

毕竟,寒冷的冬天过去了,服饰的坚冰即将消融。

1978年,一个叫皮尔·卡丹(Pierre Cardin)的法国服装设计师兴冲冲地踏上中国大陆,他像一个时尚传教士,把现代服装的概念和时装表演带入了中国。翌年,他又带了八名法国模特和四名日本模特到北京、上海做时装表演。他以中国人从来未见过的艺术形式——T型舞台上的时装表演展示了他的服装作品。发布会的入场券被严格控制,观众仅限于外贸界与服装界的官员与技术人员。绝大多数中国观众除了被他那五光十色的"热闹"震得心头欢喜之外,并没有看懂也无法弄懂这些时装作品的真正价值。看完皮尔·卡丹的时装作品,观众们张着嘴,喘着气,半天丢出一句:"世界上还有这样的衣裳?!"随后又不无疑惑地补了一句:"这东西没法穿嘛。"是的,70年代末的中国人还无法消受法国人的服装,但卡丹给中国的服装影响是巨大的。不可否认,卡丹对中国服装行业认识世界和走向世界起到了不可磨灭的作用。那年4月,世界著名指挥家小泽征尔率美国波士顿交响乐团访华,他的一头长发也让国人惊诧,"男人也能留长发?"

国门乍开,阳光太强、太刺眼……

中国的大街小巷里也出现了喇叭裤、花衬衫、留长发的打扮……着装

366

开放不久的 1979 年，轻工部和教育部在北京举办了大中小学的学生装展览，人们将爱美的欲望首先寄托在年轻人身上
（王厚林摄）

上的胡乱模仿与胡乱穿戴是当时的特色，这是中国服饰盲目模仿阶段，当然也是国人对原来压抑个性及服装单一化的反动。

喇叭裤悄悄闯进国门，虽然未在国内掀起轩然大波，但在大学校园里悄然流行。当时大学的训导明确规定"女生不准留披肩发，男生不准着紧身裤"，但喇叭裤不在其列。学校政工干部不无疑虑地问学生："你们为什么要穿喇叭裤？"

"洗脚方便。"学生俏皮地答。

政工干部愕然。

虽然思想上"解禁"了，而物资的供应一时还捉襟见肘。当时一位人大代表提出了这样的建议："一件呢上衣可配两副扣子……两副扣子两种效果。在目前内地消费水平情况下，不失为满足人们多样化穿着需求的一个有效方法。"[9] 但是人们很快就发现，这种做法其实并无必要。

为适应人们穿着的要求，工业部门提出了大力增加花色品种。各地区、各部门纷纷举办"新品种展销会"以满足消费需要。

求美，这是出自人类本能的自然心态，从古到今，无论在怎样恶劣的环境下，都不会泯灭。爱美、享受美，应该是轻松的、自由的、明快的。那时，的确良、灯芯绒，都是女孩子朝思暮想的高档货。到了70年代末，纺织品里的新老花式又开始被爱美的人们关注，像夹丝膨体纱、涤纶草绿府绸、薄形弹力袜、仿烤花大衣呢、真丝软缎被面等。虽然当时的男女服装并没有太多的变化，然而，社会深处正蓄积着对服饰美的强烈渴望……

1979年1月，中国轻工业出版社接到了沈从文《中国古代服饰研究》的全部书稿，这是中国服装学术研究最重要的成果。[10] 沈从文毕后半生之心血和智慧，在大量考证资料、文物的基础上，写就了这部在学术观点、研究质量和基本素材方面都堪称超水平的巨著。这部著作将是中国服装事业在新历史时期的基石，是其步向繁荣发达之途的指路罗盘。对中国服装史的研究，意味着五千年衣冠王国服饰历史的继续，中国的服装事业将崛起并影响世界。

也在这一年，北京的首都机场候机楼的数幅壁画落成，美术界一片

9
都安：《访人大代表：石慧谈服装穿着》，《中国服装》1986年第12期。

10
沈从文耗时十七年的《中国古代服饰研究》完成以后，其出版颇费周折，因对图片的印刷要求很高，当时国内出版社无力单独出版，最终由香港商务印书馆出版。

赞誉，奔走相告。其中画家袁运生所绘《泼水节——生命的赞歌》的画面上出现了几个在水边洗浴的裸体傣族妇女，因而引起了社会轰动。显然还是围绕着穿不穿衣的问题，当时的主流意见是反对裸体、否定人体。于是，在后来的数年间，这幅画的人体部分一直被遮盖着。颇让人啼笑皆非的是，在同一个世纪里，艺术裸体再次成为话题，虽然水不会倒流，文明却真的会倒退？

中国民众需要重新启蒙……

第九章

1980年代

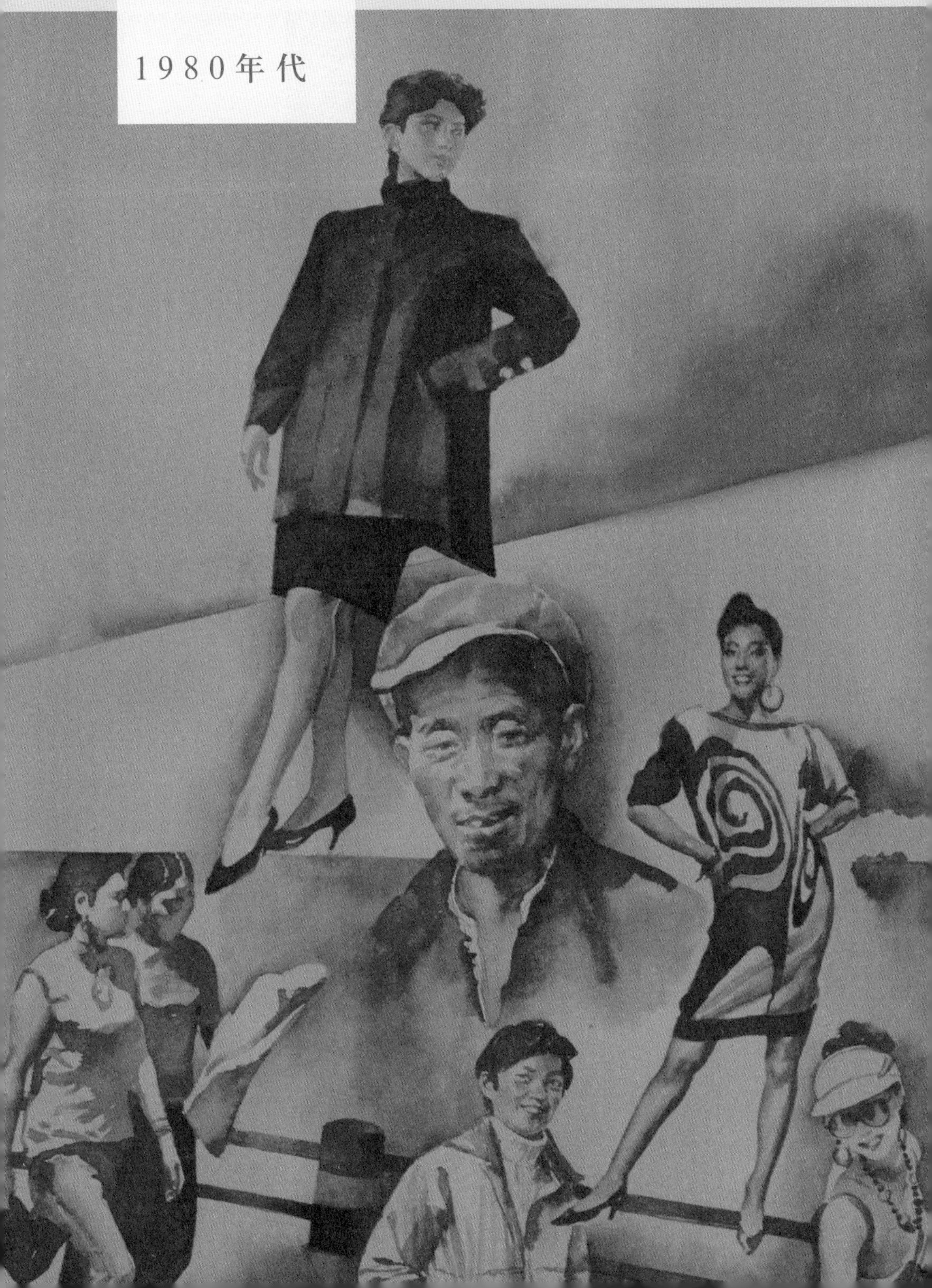

爱美的姑娘最先报晓开放的
信息（雍和摄）

第 九 章

1 9 8 0 年 代

1983 年 12 月 1 日，国家商业部发出通告，自本日起全国临时免收布票、絮棉票，对棉布、絮棉全面敞开供应，宣告了自 1954 年以来在全国实行的限制供应和"布票"制度的终结。

最初的消息带来的并不是喜悦，而是恐慌和混乱。原上海市第一商业局业务处长陈春舫记录了开放初年那种饥饿型消费的情形：

> 1983 年 11 月 23 日商业部在报上宣布，从 12 月 1 日起，棉布不收布券敞开供应。这本来是好事情，谁知消费者见了报纸，马上拿了大把布票到棉布店购买被单布，一眨眼时，棉布店、百货公司门前，里三层、外三层，排着长龙，每人都把几年积存下来的布票，全拿出来买被单布，一天销量超过平时半年销售量。第二天排队的人更多，商业一局派出了干部到棉布店、百货店排队的人群中宣传、调查，讲解棉布 12 月 1 日就敞开供应，不会涨价。消费者不予理会，照常排队争购。……第一百货商店、第十百货商店当天无法打烊。[1]

1984 年的中共十二届三中全会制定了中国经济体制改革的纲领性文

1
陈春舫：《票证下的消费心理》,《票证旧事》, 百花文艺出版社 1999 年版,第 56 页。

件，在《中共中央关于经济体制改革的决定》中，提出"社会主义经济是在公有制基础上的有计划的商品经济"，明确了改革的方向、性质和任务，提出了小康生活水平的建设目标。

改革开放之风渐渐唤醒国人正常的物质生活愿望，中国人的服装领域将迎来天翻地覆的改变……

1. 迸发的欲望

1986年北京的一场纪念"国际和平年"的演唱会上来了一位歌手，穿的是一件皱巴巴的军便服，挽着裤脚，斜背着吉他，很是一派蓬头垢面的模样。他放肆地嚎道："我曾经问个不休，你何时跟我走……"这首名叫"一无所有"的歌曲很快传遍大江南北。这个叫崔健的年轻人，穿在60年代，唱在80年代，他用这样的方式诠释了这个时代的茫然与混乱。

80年代初期的时髦是从香港经广东，再流向全国的，港式服装、港台歌曲和粤语粤菜一道跨过了长江黄河。当时正值欧美流行宽肩女装，很快就通过这条路线流传到各地。时髦人士的圣地是广州的高第街、深圳沙头角的中英街。尽管有些服装十分的花哨艳俗，与中国传统审美相去甚远，但在那个"饥不择食"的年代里，只能是"抓到篮里便是菜"了，艳俗的服装照样被民众穿在身上招摇过市。甚至从国外流入的荧光色工作服、印有"Kiss me"的色情业服装都会被人以为是时装。有生意头脑的人抓住了这个机会，从中国香港、日本收集工厂的尾货产品和旧货市场上的二手衣服，以及各种零头纺织品，大量地运到国内，以填补内地对服装、纺织品的大量需求。那时节，从沿海到内地，从城市到乡村，服装市场达到空前的繁荣。当时的各行各业都卖服装，人称"工农兵学商，人人倒服装"，就连小小的酱油店也挂上几件服装来卖。民众也从多年的压抑中迸发出强烈的购衣打扮的欲望……

> 中国今日的女性服饰，可算是乱了套了。街上去看，什么样儿的都有：超短的、加长的、紧身的、宽松的、镂花的、滚边的、古典的、前卫的、露肩露背露肚皮的、半遮半掩半透明的……真是百花齐放，美不胜收。[2]

2 李庆西：《蓝色》，吴亮、高云编：《日常中国：80年代》，江苏美术出版社1999年版，第117页。

崔健的《一无所有》80年代红遍中国，他吼唱了这个年代的茫然与期许，其演唱服选择的军便装颇耐人寻味（肖全摄 / fotoe 供）

刚刚开放的人们穿的还是"老三样",戴的还是解放帽,1981 年摄于柳州(梁汝雄摄／fotoe 供)

改革开放初期的服装店橱窗内外（钱瑜摄）

改革开放初期的街头青年，手提录音机，放着邓丽君，左顾右盼地寻觅时尚信息（钱瑜摄）

一身"文革"打扮，但已向往着"三转一响"，指当时中国家庭标配的自行车、缝纫机、手表和收音机（马宏杰摄／fotoe 供）

1982 年广州高第街上的时装摊档，这是当年中国时尚的重要源头之一（安哥摄 / fotoe 供）

裙子永远是女人最心仪的衣裳，久违了（安哥摄／fotoe 供）

像春天里的花朵一样，姑娘们的衣裙最先沐浴改革的阳光，也最先预示时装的趋势（钱瑜摄）

380

个体的裁缝小店为市民提供了时髦的便利与可能（叶健强摄 / fotoe 供）

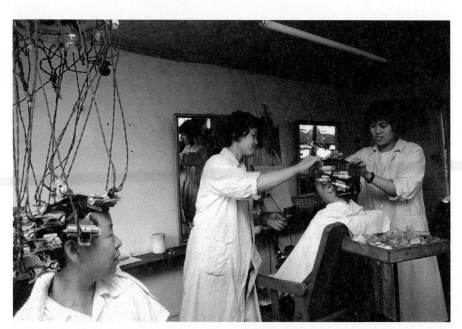

追求时髦须从"头"做起，烫发又悄然兴起（李江树摄 / fotoe 供）

"百花齐放"是真,"美不胜收"未必。不争的事实是,国人的审美意识开始苏醒了。

强烈的扮美欲望,也常常带来莫名其妙的穿戴:上穿深色毛料礼服西装,下着喇叭裤,穿花袜配旅游鞋;秋冬季里女性们穿裙子,里面穿棉毛裤,外面再套长筒丝袜……不搭调的穿戴比比皆是。

从全国范围看,一时还难以摆脱服装的灰、黑、绿的单调和形式上的单一。松绑之后的双手不知干什么合适,梦魇刚醒的头脑不知想什么合适,脱下老三样以后的身体不知穿什么合适。"文革"之后的服装该是什么样,谁也说不上,所以穿着上依旧简单、马虎、混乱。

当时,电影电视里的服装就成了最重要的服饰参照依据和模仿来源,尤其是外来影视片。一部美国科幻电视剧《大西洋底来的人》,其中主人翁麦克戴太阳镜的形象令国人羡慕不已。这种大眼镜被戏称为"蛤蟆镜",更多的人称其为"麦克镜",成为抢手的时髦物品。还有人在戴此眼镜时,竟舍不得撕去镜片上的纸商标,以示正宗"进口货"。

一部讲述华侨少女与中国青年恋爱的国产故事影片《庐山恋》,除了爱情故事以外,观众最有兴趣的莫过于女主角换来换去的漂亮时装。扮演剧中女主角的演员张瑜回忆说:

穿戴虽不甚得体,但扮美的强烈
欲望往往顾不得许多〔钱瑜摄〕

说实话，当时不仅我不知道究竟换了多少套服装，连剧组管服装的人也搞不清楚。而我现在可以告诉你，准确的数字是 68 套！至于服装的来源，印象中好像还向个人借了许多，反正是大家能够想象出的华侨女孩子该穿的，以及我们在当时制片厂资料片里看到的外国人的打扮，都尽量给搜罗了一堆。现在看起来，恐怕即使是以模特儿为主角的戏，也不会需要这么多服装。[3]

完全不顾情节的合理性，女主角每次出场都更换一套服装、脚蹬跟高两寸的高跟鞋奔跑于山石之间的那些镜头一定会使今天的观众哑然失笑。而在那个几乎还是革命化服装残余一统天下的时代里，华侨少女周筠的每一套服装都给人们带来激动和鼓励。许多女性希望模仿周筠的服装，甚至有人带着裁缝进电影院一同观看，要求裁缝师傅按照影片中的服装进行仿制。

对中国影响较大的还有两部南斯拉夫电影——《瓦尔特保卫萨拉热窝》和《桥》。小伙子们在看完影片之后，除了哼唱几句《啊，朋友再见！》的插曲外，还穿上了南斯拉夫游击队员式的夹克外套，冠名为"瓦尔特衫"。

70 年代末到 80 年代初有几部热播的电视连续剧，包括日本的《血疑》和香港的《上海滩》。随着电视剧的播映，都市街头很快便开始流行"大岛茂风衣"（《血疑》中男主角的衣服）和"发仔服"（周润发在《上海滩》中的装扮）。模仿影视服装是改革开放初年一种较为广泛的群体行为。可以推论，一群被迫与传统服饰割裂开的民众，一个刚刚开始看见世界时尚的民族，追求服饰变化的唯一办法就是模仿眼前看得到的服装，哪怕模仿有误，也在所不惜。更何况，无人知道对与错。

2. 时髦的裤子

一马当先的是喇叭裤，它作为改革开放之初最早进入中国的国际流行裤式，起到了为异类时尚开山辟路的作用。

喇叭裤的结构特征是：腰臀部和大腿部位包紧，从膝盖处展开呈喇叭状。初始，社会对穿喇叭裤感到困惑，因为只有行为散漫的时髦男青年

3
邓坩：《那是一个光荣的时代：访电影演员张瑜》，《追寻1978：中国改革开放纪元访谈录》，福建教育出版社 1988 年版，第 150 页。

喇叭裤是改革开放之初最早进入中国的流行裤式，起到了为异类时尚开山辟路的作用。当时，穿喇叭裤、留长发、戴蛤蟆镜、手提录音机的形象通常与"精神污染"画上等号（刘蓬作）

383

第九章　1980年代

破旧牛仔裤的流行，对国人来说
还真有点匪夷所思

敢于如此穿戴：花格衬衫和紧绷臀部的喇叭裤、蛤蟆镜、长头发、大鬓角，手上提着录音机，大声播放着邓丽君的歌。这样的形象被舆论划为属于"精神污染"范畴。[4] 出于"文革"形成的惯性，反精神污染在许多地方被扩大化，喇叭裤、男生的长发，甚至羽绒服也成了精神污染。有中学校长早上手持大剪刀站在学校门口，上剪长发，下剪裤脚。

但在当年，发生了一个留长发、穿喇叭裤的青年救起溺水儿童的感人事迹，从而引发了社会讨论："留长发、穿喇叭裤的是不是好青年？"当然是众说纷纭，未有结论。而喇叭裤却不等结论，犹如旋风吹遍神州。80年代后期，甚至还有人将裤脚越放越大，甚至宽达60厘米。

喇叭裤流行时间并不长，随后依次接替的还有筒裤、萝卜裤、老板裤等各种裤子。

80年代，国际上正流行破旧风格的牛仔裤，用石磨、水洗技术加工的牛仔裤被认为是时尚。对于这种山姆大叔的东西，国人通常抱有某种警惕。所以在相当长的时间里，大多数人与牛仔裤保持着一定的距离，谨慎而守旧的成年人下意识地认定穿牛仔裤的青年总有点儿不正经。曾有一位大学生穿着牛仔裤到某厂人事科报到，引起现场不少人的侧目。一位领导当众指责："某某，是否大学把你读洋了，四年时间不算长，可你和海外影视中的'阿飞哥'差不多了。"[5] 这种看法很能代表当时的社会主流思想。

牛仔裤真正流行应该是进入90年代之后了。牛仔装风格对于中国国民的穿着观念和穿着方式的潜在冲击是巨大的，其影响深度和广度绝对在喇叭裤之上，这与牛仔裤在国际上的影响也是一致的。另外，喇叭裤、牛仔裤的流行，使得前开襟的裤子开始被中国女性接受了。[6]

80年代末期，还有一种裤脚口加有蹬条的黑色弹力针织裤，以"健美裤"的名称迅速遍及全国城乡。这种俗称"踏脚裤"的裤子深得广大女性的喜欢，从幼儿园的小女孩到公园里晨练的老太太，无一例外。一时间，其流行风头之劲，实在超乎想象。

这是进入80年代以后普及面最广的一种女裤样式，在达到了惊人的高度流行之后，才于90年代中期渐渐退潮。踏脚裤在中国的流行固然与廉价实用有关，也与显现腿部和臀部线条的审美观念有关。对比封建传统

精神污染"是在1983年中共十二届二中全会上提出的：思想战线不能搞精神污染，旨在对改革开放以来出现的各种资产阶级和其他剥削阶级腐朽思想进行抵制。

戴平：《"第二皮肤"的魅力》，北京出版社1992年版，第32页。

由于传统服饰文化的影响，中国和日本女性在接受穿着现代裤子的同时，于较长的时间里，保持了女裤侧开口的习俗。

健美裤是 80 年代神州大地的一道风景，从少女到老太太，人均数条（张左摄）

弹力针织裤紧身、舒适、价廉，有"健美裤"的美誉，因裤口有踏襻，也就俗称"踏脚裤"

80年代末期，一种裤脚口加有蹬条的黑色弹力针织裤——"健美裤"迅速遍及全国城乡，流行风头之健，实在超乎想象（刘蓬作）

的遮掩与改革开放期间的炫耀，踏脚裤凸显了转型期中国人意识态度上的转变，尤其表现在服装上对性别特征的炫耀。

古往今来，于光天化日之下的中国人对性讳莫如深，将公共场合暴露肢体线条的衣装视作对道德的触犯。解放后，这种伪道学的情况愈加森严，所有男女都身着宽大简陋的衣物，遮掩了身体上的性别特征。服装心理学认为，踏脚裤的风行正是这种禁锢解除以后的巨大反弹，也是国人性意识恢复正常后在服装上的反映。

3. 以服装为龙头

1986 年 9 月，国务院领导明确提出"以服装为龙头"的产业发展思路。当年底，国务院决定将服装行业从轻工业部划归纺织工业部管理。这一决定表明国家决心在纺织工业的基础上，大力发展服装产业和生产高附加值的产品。

1987 年 10 月，中共十三大在京召开，身穿西装的总书记会见中外记者，一位记者提了个关于服装的个人问题："请问总书记穿的是什么牌子的西装？"

总书记掀开西服前襟向记者们展示商标，自豪地说："北京，'红都'。"

改革开放了，人们对服饰美的追求与欲望在长久被压制之后，突然地被释放出来，其势头不可阻挡。80 年代初全国兴起的服装展销会热，如 1983 年 5 月轻工业部在全国农业展览馆举办的"京津沪辽苏五省服装展销会"，每天都是人山人海，销售柜台被挤垮，铁栏杆被压弯。从 80 年代后期，全国各地相继开始举办服装博览会或服装节。大连国际服装节于 1988 年揭幕，开中国服装节之先河。随之，许多地方掀起了一股股服装"办节办会"的热浪。这些活动满足了民众的服饰需求，更重要的是带动和推进了中国迅速发展起来的服装产业。

随着市场经济的推进，又随着人们生活水平的提高，强烈的内需使服装工业在 80 年代的前五年以 12%的速度递增。同时，广东、浙江、江苏、上海、山东等沿海地区和城市的服装产业发展迅猛，在供应国内市场的同时，大量地为其他国家和地区进行出口加工。

中国服装设计师职业的规模化是 80 年代之后形成的。服装的社会经济作用、文化作用被发掘出来，过去的服装"裁缝"变为拥有明星般光彩的设计师，这个职业突然有了异乎寻常的魅力和热度。

《中国服装》杂志 1988 年发表《服装创作设计也是生产力》的社论，对服装设计予以高度肯定：

> 科学技术是生产力，艺术也是生产力。服装创作设计，既有科学技术的因素，又有文化艺术的因素，因此，服装创作设计不仅也是生产力，而且是具有特殊性的生产力。[7]

1983 年 7 月，在北京举办了改革开放以来首次大型服装设计比赛，冠名"中国时装文化奖"。1985 年 11 月，首届全国服装设计"金剪奖"在全国政协礼堂举行颁奖仪式，全国 21 个省市区选拔的 67 名选手带着 268 件（套）作品"进京赶考"，媒体欣喜地称颂金奖得主为"服装状元"。

4. 西装热

中国改革开放的明显服饰标志当属"西装热"。

1983 年 6 月 2 日，时任中央书记处书记的郝建秀致信轻工业部部长杨波，提出要"提倡穿西装、两用衫、裙子、旗袍"。

同年，中共中央总书记胡耀邦在多次会议上强调："要抓一下服装问题，让城乡人民穿得干净一点、整齐一点、漂亮一点。"[8] 总书记身体力行，他带头穿起了西装。

中共领导人带头穿新式的双排扣西装，在国内外引起极大关注。习惯了根据政治动向猜测社会发展的中国民众，预感到西装似乎与政治改革相关，穿西装成为了一种改革的政治信号。很快，上行下效，各级领导纷纷去定制西装，百姓追随效仿，随即在全国范围内掀起了"西装热"，1984 年西装市场出现了供不应求的局面。

80 年代的西装普及，表面上是对盛行多年的"老三装"的反动，其深层的原因是基于对政治改革的渴求。而这次"西装热"的带头人又是政治领袖，凡积极主张改革的政治家似乎不约而同地穿起西服，可谓"西服又

7
《中国服装》，1988 年第 1 期，第 1 页。

8
《中国百科年鉴》编辑部、上海服装研究所：《上海服装年鉴》，知识出版社 1985 年版，第 1 页。

穿着西装西裙的青年男女，昂首阔步在国际流行的时装招贴前（张左摄）

80年代的北京大栅栏步行街，行人的西装、宽肩女装飘荡着开放的气息（张左摄）

绿江南岸"。不过,这一波"西装热"的深度和广度远远超过了民国时期,这也许是政治领袖们始料不及的。从高层领导人、电视台播音员到平民百姓都选择西装,这实在是中国特色的西装大普及。

西装,终于在世纪末的中国迎来了又一个辉煌的春天。它也成了中国改革开放的符号。

这一时期的西装流行与半个世纪前有明显的不同。民国时期的西装流行主要局限在大城市的社会中上阶层,这一次的西装却在不同年龄层、不同社会阶层之间流行,影响到最广大的消费层面,到80年代中后期连农村都普及了西装。

国门打开后的国人对多年不见的西装产生了浓厚的兴趣,人们迫不及待地脱去"老三装",换上最初粗制滥造的西装,那种胡乱穿戴西装的现象比比皆是。穿着肥大的西服,足蹬运动鞋,系馄饨状大领带,袖口留商标,口袋里塞满东西。农民兄弟也换上西装下地干活,而进城打工的农民穿着西装和泥刮浆,中国的农民穿西装已成为中国改革建设的一道风景。一时间,报刊上有关如何穿西装、怎样打领带的启蒙文章俯拾即是。

不过,西装的流行也不是马上被大众认同的,过去极左思潮的余波依然禁锢着一部分人的思想,有一位机关女干部在刊物上表达她的忧虑:

> 其他行业的人衣着式样新、色彩鲜,我不反对。但国家干部应该端庄大方,干干净净就行了。孩子他爸早先总是穿军服,可是自从社会上出现"西服热"后,他变了,老是嘀嘀咕咕要买西服。实在拗不过他,就买了一套。穿上浅灰色的西服,配上白衬衫红领带,他显得英俊潇洒。可是我心里总有点儿那个,这身打扮,领导和同事该怎么看? [9]

这种由"文革"造成的心理阴影在当时仍十分普遍。

1987年11月,国内各媒体都刊发了党的十三届一中全会上全体政治局常委穿着西装的新闻图片。此后,西装就不成文地成为中国改革中的礼服和常服。做工考究的西装庄重、板正,可以有效地起到修正美化体形的作用,所以迅速成为社会各阶层、各行业男士的首选服装。

此时在中国流行的西装样式先是单排扣、平驳领,后来是双排扣、枪

9
吕兆康:《她为何反对当干部的丈夫赶时髦?》,《穿着心理趣谈》,上海科技出版社1993年版,第86页。

"西装热"席卷神州，男男女女
以为时装，旅游休闲穿着者尤多
（钱瑜摄）

加工粗陋的西服依旧供不应求，
职业女西式套装被视作时装，女
西裤还保持了侧开口

驳领；常见款式是缺嘴偏低的翻驳领、两粒纽或正规的枪驳领、双排纽。
颜色以藏青色、黑色和灰色为主。

举国上下的西装热，带来了中国西服业的发展。80年代中期，大批西
服厂兴建起来，从国外引进了一百多条西服生产流水线，极大提高了西服
生产的状况。使用流水线作业，采用专用设备，如上袖机、上领机、钉扣机、
锁眼机、熨烫设备、冷热粘合机，使工艺日趋合理，质量提高，效益增加，
生产能力迅速扩大。而且西装业也带动了乡镇企业服装厂的大发展，从80
年代满足国内需求和加工出口，到90年代创建自己的西服品牌，中国的西
服企业很快走向品牌化生产的道路。1986年，中国服装设计中心制订《我
国西服结构研究》科研课题，研究中国人体的西服结构问题。1990年第11
届亚运会开幕式上，中国体育健儿的入场服全部是西装，皮尔·卡丹评价："与
亚洲其他的三十多个代表团相比，中国男运动员的西装是最好的。"

农民穿着西装已成为改革开放的
一道风景线。下图为"城市农民"
系列雕塑（梁硕作）

与男人的西服一样，80 年代的女性们也穿上了西装套裙，那种在欧美流行半个多世纪的职业女性的套装，终于成为中国白领女性青睐的服装样式。西装套裙，逐渐约定俗成地成为职业女性的典型服装，于是，也被称作"职业女装"。

5. 文化衫与另类文化

在西服浪潮冲击的同时，一股以圆领 T 恤衫为主角的热潮同样兴起。这种针织 T 恤衫又被国人称作"圆领汗衫""老头衫"，很早以前就从国外传入，天津、上海、青岛等大城市都设有这类服装厂。这种质地薄软、吸湿性强的服装为大多数男性常穿的夏季服装，秋冬季则当内衣用。"文革"前和"文革"期间基本上都是简单的漂白色，款式也没有任何变化。一种原本廉价而无设计可言的"大路货"服装，加上了具有个性化的图案和文字，在 80 年代末到 90 年代初大行其道，并有了"文化衫"之名。

当然，现代 T 恤文化形式也是从国外传入的。初始，有人大惑不解：

> 就是这个要线条没线条要造型没造型的无领"老头衫"，大红大绿大紫大蓝大黄地印遍 ABC、印遍人头狗头猫头熊头图案，就能奇货可居地每件卖上近 30 元。自豪的个体摊主们毫无顾忌地为它们贴上各种自由想象的标签："进口港式彩印衫""最新流行港衫""90 年代第一衫"。[10]

文化衫具有其他服装所不具备的特殊功能，其款式简单、价格低廉、生产批量大而形成了消费面大、流行性强的特点。再配合现代印染技术进行个性化图案的加工，使之共性中有个性——图案和文字的可选择性范围空间广阔，往往以一种浓郁的前卫意味而获得年轻人的广泛喜爱。当时，出于对欧美时尚的追崇，印有外国字样和图案的文化衫更受欢迎。文化衫的热销似乎预示服装消费主义的到来，只有在消费主义时代中，文化标志才有一种图腾般的魔力，能为其穿着者带来愉悦。穿戴着这些文化标志，"你就将自己的私人身份和外部的商业成功混同为一，弥补了自身地位无足轻

10
习慧泽：《请告诉我夏日和秋风》，《上海服饰》1990 年第 3 期，第 8 页。

印有图案或文字的 T 恤由 80 年代末开始大行其道（张海儿摄）

重的失落,并在那一刻成为一个人物"。[11]

除了印着外国文字和各种图案头像外,文化衫上的文字更是构成所谓"文化衫"的文化。文化衫上的文字五花八门、形形色色,有各式牢骚词、大白话、顺口溜或歌词等调侃言语,颇具时代特色。最典型的印有"别理我,烦着呢",满大街去都是"烦着呢"……

一位骑车者穿了件文化衫,背上印有"一块红布……",某近视眼朋友骑车尾随追了两站地,终于看清楚了下面的小字"蒙住我双眼也蒙住了天,你问我看见了什么,我说我看见了幸福"(崔健歌词)。近视眼犹如顿悟:"高!"自此,爱上了崔健和他的歌。

印上幽默或者露骨的言辞和图案是文化衫最吸引人的手法,设计者可借此表现各种文化艺术内容及社会现象的喜怒哀乐。文化衫在中国很快地发展起来,结合当时流行的"痞子文学"、电视连续剧、摇滚乐、毛泽东热等林林总总的文化现象,构成了后现代主义光怪陆离的文化拼图。

从80年代到90年代,从渴望精神的自由到实现物质的欲求,中国社会对于"个人"的"发达"的关注,日渐明显地赶上了对于"国家"的"强盛"的祈愿。在这种社会文明的环境中,人们在精神上、物质上都开始强调自我和个体的概念。而文化感、流行感强的时尚产品则更多地倾向于个人或群体两方面的情感和利益,表达形式强烈且直白。

文化衫中形形色色的调侃语言宣泄了中国人对转型期中社会新生事物的迷惘,而又用一种自我调侃的态度表达着对社会急速变化难以适应的困惑。过去会以严肃、正统的形式来表达的种种情绪和思想,如今则以一种轻松的、全新的、商品化的载体来传达,无疑,这是市场经济发展的结果。人们通过文化衫流露出来的那份主动、活跃的心态,可以解读为消费主义来临前的一种征兆。

1991年夏,部分市民通过报刊发出呼吁:

> 为了我们的生活,为了我们的事业,为了我们的未来,还是少一点"玩世不恭",少一点这样的灰色幽默吧![12]

随即,北京市工商部门征得市人民政府批准,专门下达了《关于禁售

11
　[美]保罗·福赛尔著,梁丽真、乐涛、石涛译:《格调》,中国社会科学出版社1998年版,第71页。

12
武力平:《流行时装:当代青年的表情》,华夏出版社1993年版,第51页。

带有不健康图案文字商品的公告》，并着手查处不健康的文化衫。在政府的干涉下，文化衫热潮渐趋平静。但是，文化衫的现象表明了大众文化消费的新动向，成为改革开放以后表现在服饰上特有的一种历史现象。在消费时代，人类所有思维和行为都可以转化为利润，也包括对消费文化本身的批判：通过批量生产，严肃的意味被稀释了，变成一种使社会大众心悦诚服的调侃和戏谑的形式，同时成为广为接受的消费品。

改革开放初期的中国文化衫同时实现了这两个方面。

6. 与国际时尚接轨

80 年代初，上海时装公司以开拓国际贸易为由，成立了时装模特队。这些身材高挑的姑娘不仅没经过专业训练，其中的大部分甚至没穿过高跟鞋和现代女性内衣，更没有穿过花里胡哨的"时装"。另外，或许是屈就于整个社会对模特职业的模糊认识，所以当时的媒体在报道时，不敢采用"模特"一词，而称之为"服装表演员"。

1981 年 2 月，这批服装表演员在上海友谊电影院举行了首场演出，这是开放以来真正意义上的时装表演。同年 11 月，她们与法国模特合作，为皮尔·卡丹的个人作品发布会进行演出。

即使如此，模特职业的社会性质及合法地位尚无法确立。当年的轻工业部部长杨波后来说：

> 还有那个模特儿时装表演，当时不敢搞，上海首先搞了一个，参加北京服装展览会，有点儿怕，不敢演。他们想到中南海去表演一场，用意在于如蒙批准就算"合法"了。于是我就给邓（颖超）大姐作了汇报，申请到中南海小礼堂演一场看看，邓大姐很快就同意了，邓大姐和康（克清）大姐以及其他几位老大姐都看了，说"这个好"。从此中国也可以搞模特儿时装表演了。[13]

中央电视台首先突破了媒介宣传的禁区，在《为您服务》节目里播放时装表演，接着新华社、《人民日报》、《中国日报》、中央人民广播电台等

13
徐瑷：《不看不知道：访原国家轻工部部长杨波》，《追寻1978：中国改革开放纪元访谈录》，福建教育出版社1998年版，第551页。

时装表演姓"资"姓"社"？观者内心复杂，神情疑惑。1986年摄于广州（安哥摄／fotoe供）

二十几家新闻单位都予以报道。法新社、美联社、加拿大广播公司、挪威国家广播电台等国际新闻机构也都闻讯而来，采发了专题报道。

1983年，上海丝绸公司在流行色研讨会上举行了较专业的时装表演。随后，中国大地上的时装表演就像雨后春笋般蓬勃，而且被求美心切的中国大众演绎得十分有趣——工厂、街道、农村等单位都自己组织时装表演队，就像回到了过去大搞政治运动的年代，那么地投入和热情洋溢。百姓大众要的是模特的美丽和表演的娱乐性，时装表演成了茶余饭后的余兴节目，模特成了演员，五花八门的"时装"则成了"表演服"，百十回地穿了脱，脱了穿。

摄影师安哥用他的相机和文字调侃了当时的时装表演。

在当时特定的环境下，时装表演的性质到底是姓"社"还是姓"资"，自然免不了会有一番争论。这次时装表演，主办者专门请广州党政军

1985 年广州 "首届羊城青春美大赛" 男女选手合影。这样的准选美活动，在当年需要有 "吃螃蟹" 的勇气（安哥摄／fotoe 供）

的领导前来观摩。从照片上看，人们可以发现当时坐在前排看时装表演的表情都十分严肃，甚至有点紧张。[14]

即使在改革开放前沿的广东，"吃螃蟹"也是要有勇气的。1985年广州团市委搞过一次选美，名为"首届羊城青春美大赛"，所谓配合"两个文明"建设和"五讲四美三热爱"活动。为了避免"以貌取人"而强调其中的内在美，所以在这次选美活动中，笔试的难度大大提高，笔试中包括数、理、化以及时事、政治、文学、地理，还有音乐、美术类试题。然而这场涉危履险的试探性青春美大赛仍遭到多方面的质疑。不过，比赛却得到了市民的热情关注，比赛当天的场面十分火爆。

这期间，深圳还举办了首届中国健美比赛，据说，比赛的黑市票炒到了人民币200元，原因是健美女运动员都身着比基尼出场。

1990年冬天，在广州花园酒店举办了中国首届时装模特表演艺术大赛，有16位来自各地的模特参加了比赛，人们第一次在公开场合看到穿着泳装、晚装的美丽女性，第一次公开评论女性的"三围"……那年是深圳的叶继红荣登冠军宝座，并获得本次赛事最佳现场印象奖和最上镜模特奖。

1985年5月，又一位法国时装设计师伊夫·圣洛朗（Yves Saint Laurent）在北京中国美术馆举办了他的25周年作品回顾展，历时两个月。不过他的展览并没有在中国的服装界引起轰动，因为当时的中国人不知道他是谁。唯有中国美术界有点反应，画家们大惑不解："怎么做衣裳的也能在美术馆办展览？"

一本名叫"时装"的杂志，在80年代率先将外国模特登载于封面，以至发行量猛增至80万份以上。虽然当时的时尚资讯十分有限，但是世界顶尖服装品牌的作品已开始频频出现在国内的一些杂志上，北京、上海等大城市里的前卫人士已知道世界上还有售价数万美元的高级时装。中国人已感受到了世界时尚潮流的强烈冲击，感受到了衣装美的魅力，尽管人们尚未能完全摆脱过往政治运动的无形桎梏而显得小心翼翼，可是，毕竟所有的可能已来到了面前。每每女孩当中有人穿上一套新样式或新颜色的服装，肯定会在同伴中引起一阵骚动，姑娘们会蜂拥而上，欣赏、抚摸、试穿、询问。

14
安哥：《生活在邓小平时代：视觉80年代》，羊城晚报出版社2001年版，第184页。

1983年9月，中国时装杂志社应法国高级时装协会邀请，派人前往巴黎参观考察了巴黎服装博览会的情形，并撰文介绍了欧洲的男装、女装和针织物的国际流行趋势，这是中国最初试探性地伸向国际主流时尚的触角。

1985年9月，第一次由设计师和营销人员组成的中国服装工业代表团参加了第50届巴黎国际女装博览会，在凯旋门旁边的福煦大街举行了时装表演。中国代表团小试锋芒，用了国际航空公司的空姐充当模特儿，法国电视三台在当天晚上的黄金时段里，把中国首次参展作为头条新闻播放了一分多钟。

两年以后，由上海服装工业公司时装表演队挑选的八名模特，身着上海服装设计研究所设计师陈珊华设计的十套红黑礼服，在埃菲尔铁塔前亮相，"CHINA"几个大字极其醒目。《巴黎人报》说："中国的红黑阵容，把表演会推向高潮……"[15]

7. "傻子过年看隔壁"

1984年，一个美国小伙子以中国的开放为商机，在中国大商场里销售美国的"美开乐"服装纸样，并通过《时装》杂志展开邮购，这种价廉物美的外国服装纸样颇受欢迎。"美开乐"公司自称："今年夏天，北京的姑娘们突然被美国的服装纸样迷住了。……引进美国美开乐服装纸样，是使中国服装赶上国际潮流的捷径。"[16] 这样的自我评介有夸张之嫌，但纸样确实对外来时尚的传播起到过一定的普及作用。

同时，报刊、电视等各种媒体也不断地进行穿着启蒙：如何打领带、如何搭配上衣下裳、如何理解流行等等。学习穿戴、追随时尚成为了中国人的时髦话题。渐渐地，人们告别了军便装、中山装，80年代灰棉布、咔叽布的中山装开始萎缩，蓝灰色、军绿色开始退位。毕竟中山装流行的时间太久、太久，以至在人们的心目里成了保守僵化的外化形象，人们开始厌倦它了。

原轻工部部长杨波回忆说："我一直主张女同志穿得漂亮点，男人不能老穿中山装。1982年我就带头穿了件猎装，很显眼，别人没有穿的。结果，嘿，《北京晚报》的记者就采访了我，说'部长带头穿猎装，搞服装改

15
法国《星期日周报》说："迷人的中国模特，跨过万里长城来到塞纳河畔，那轻柔如抚的开襟长衣在她们的身上飘然欲飞，博得巴黎人一阵阵雷鸣般的喝彩。"《费加罗报》评价道："那身着红黑相间的礼服的是来自上海的中国姑娘。她们战胜了着长裙而不雄壮的德国表演队，也战胜了穿短裙的日本表演队。"参见吴文英主编《辉煌的二十世纪新中国大纪录·纺织卷1949—1999》，红旗出版社1999年版，第591页。

16
《美开乐新潮服装》，旅游教育出版社1989年版，第1页。

革’，还登了照片。"部长穿件猎装就成新闻，可见当年要穿出风采就要有敢为人先的勇气。1984 年 9 月，纺织工业部女部长吴文英出差穿了金黄色紧身花上衣和一条线条流畅的裙子，这在当时国家干部中是颇为不易的，自然也成为新闻。

西服热也带动了其他西式服装的流行。夹克衫便是一例，其面料多样，有灯芯绒、涤棉咔叽、尼龙绸、水洗绸、桃皮绒等；在款式上也有多种变化，或高雅或休闲或运动，穿着轻松随意，成为男性在西装与中山装之间的新选择。

风衣在 80 年代也成一时时尚，流行甚广。风衣作为利于挡风、避沙、御寒的实用服装，其款式和中大衣类似，但更加轻巧、灵活，故在 80 年代颇受欢迎，男女皆着，老少咸宜。尤其是女士风衣，色彩艳丽，更加时装化，这样的流行一直持续到 90 年代初。

改革开放以后的体育事业迅速发展，加上亚运会在北京召开，运动服也进入寻常百姓家，逐渐成为人们日常生活中的时髦便服，给人以轻松、健康而有朝气的感觉。80 年代比较畅销的运动装有滑雪衫、慢跑装、网球装等。

裙装是令压抑多年的中国女性兴奋的服装样式。它最能体现女性的曲

夹克衫成为男性在西装与中山装之外的新选择。左起为艺术家舒展、黄宗江、方成、公刘（黄宗江供）

风衣并不完全为了御风，有时更
是为了表现风尚

线，遂又重新成为中国女性的主要装束。80 年代的夏天，连衣裙是年轻
女子常备的时髦服饰，通常配穿长筒袜和高跟鞋。连衣裙穿着方便，舒适
凉爽，节省布料，这对刚刚迎来开放尚不富裕的中国女性来说是极佳的选
择。80 年代流行的连衣裙，大多是无领式，造型简单明快，也有直身裙、
衬衫裙、春秋裙、背心裙等。

当时有一出话剧叫《街上流行红裙子》，剧名似乎就道出了那个年代女
性穿裙子的热情与欢欣。有人记下了 80 年代的裙子：

她们穿红蓝的碎花长裙，边角上还小心翼翼地打了褶。而最会装
扮的姑娘则穿质地是的确良的白裙子，为防止走光，她们又套上一层
衬裙，走起路来裙角飞扬，像尘嚣上的一片云天，端的是仪态万方。
的确良在那会儿是精致生活的标志……[17]

17
旷晨编：《我们的八十年
代》，广西人民出版社
2004 年版，第 327 页。

国门初开的中国与世界流行潮流尚有一段时间差。80年代初中期的国际女装流行宽肩肥袖。到80年代后期，中国的服装市场也开始加入这股潮流。具体体现在肩部超宽、胸部尺寸超大和袖窿线超深，这种具有男性化特点的女装在造型上挺拔、简洁，线条流畅而刚柔相济，最大特点就是加大垫肩。到80年代末，中国都市女性的长短大衣、西式套装、毛线衣甚至夏季女衬衫、连衫裙都用"垫肩"来迎合这种时髦，这种流行持续到90年代上半叶。以至于这一时期中央电视台女播音员的服装肩膀比男播音员的要宽得多。这种夸张同样体现在夹克、短大衣和编织服装等多种女装上，与其相配的是宽大的蝙蝠袖、和服袖等。

一度"身世凋零"的旗袍也随着中国的开放渐渐地重新浮出水面。这时的旗袍通常是演艺界、出国人员穿着，不过旗袍手艺已经有所失传，制作质量有所下降。因为失却了适合穿着的场合，使得旗袍在实际生活中并没有得到广泛的流行。倒是一些酒楼餐厅的服务员穿上价廉质次的媚俗旗袍，令旗袍的地位陷入尴尬。

改革开放之前，羊毛衫为少数人穿着，随着西装热和人们购买力的逐步提高，羊毛衫在全国范围内流行，羊毛衫外衣化、时装化的趋势越来越明显。时装化的羊毛衫以宽松、加长为基础，突出了外衣的特点，在制作

扮靓需要参照物，时尚常由相互
效仿而流传开来（钱瑜摄）

大街上重新流行花裙子，响起高
跟鞋的嗒嗒声……

工艺上也有很多创新，装饰方法更是五花八门，如绞花、方格、直条、提花、印花、绣花等。

冬装从中式棉袄的单一形式而变得丰富多彩，特别是羽绒服，给改革开放以后的中国冬天增添了色彩。羽绒服原是滑雪和登山运动员所专用，故兼有"滑雪衫"之称，由于具有质轻、柔软、保暖、弹性大、体积小等优点，被誉为男女老幼的御寒佳品。羽绒服家族包括羽绒夹克、羽绒背心、登山服、太空服、羽绒大衣等。到80年代，随着人民生活水平的进一步提高，羽绒服已不再被视为奢侈品，而是被人争相购买，至90年代仍然热卖不衰。

腈纶棉防寒服是80年代流行的另一种冬装。面料从绒绢、条绒、锦纶、斜纹发展到平纹绸；里料由腈纶皮毛一种，发展到腈纶絮棉、喷胶棉、软棉、松棉（中空棉）等多种。

值得一提的是发展速度惊人的女性内衣。相当长的时期内，中国文化将女内衣与性和贞操联系在一起，是秘不示人的。到80年代中期，中日合资的北京华歌尔有限公司开始行销女内衣，虽然最初生意并不红火，但毕竟开启了中高档女内衣的消费意识。

对于女性来讲，高跟鞋的复出是一件值得庆贺的大事，为女性服饰的变化提供了重要的基础。80年代的女皮鞋时兴尖而细的外形，鞋尖是尖的，鞋跟虽曾有"酒盅跟"等称谓，但基本上也是尖尖的。偶尔有一阵出现方头平跟"榔头鞋"，但是没有在大的范围流行开来。80年代末到90年代初，成年女性普遍穿着的式样是高跟、半高跟尖头皮鞋。很快，高跟、半高跟和坡跟，皮凉鞋、便皮鞋和棉皮鞋等，琳琅满目地出现在商店里。最具冲击力的鞋子也许是旅游鞋，这种舶来的鞋子品类，适合休闲装、运动装穿者，由于其舒适实用，成为老少咸宜的鞋了。

改革开放后女性又可以烫发和化妆了，依然由广东向全国各地普及了许多美容美发店，广东美发师则最受欢迎。其他配饰也随之流行，如太阳镜、帽子、首饰等。

发展市场经济已经成为国家方略，过去一些服装名牌名店又恢复了店名和传统的经营特色，如北京的"造寸""波纬"，上海的"鸿翔""培罗蒙"，一些新创的服装品牌也开始抢占市场，服装的花色品种趋多，消费者也愈

羽绒服给单调的冬装增
添了斑斓的色彩

来愈挑剔。在这个时期里，服装是国内市场最活跃的商品种类，服装的需求极大地刺激并推动着中国的服装产业、服装教育、服饰文化的发展。

时髦的观念重新回到人们的日常生活中，与国际接轨的时尚成为人们衣饰生活的动力。

80年代初，交谊舞成为了中国人审美文化复苏的第一课，人们穿着简陋的中山装、两用衫跳着"嘭嚓嚓"，华尔兹的乐曲改变了近十多年的"革命步伐"。不过很快，一种叫"迪斯科"的外国舞蹈吸引了中国的年轻人，穿着喇叭裤或T恤衫，随着激烈的音乐自由舞动。饶有趣味的是老年人颇具中国特色的"拿来主义"，他们把这种即兴随意的舞蹈改造成了"老年迪斯科"，每天在公园里、街道口愉快地蹦跶着。

…………

中国出现了巨大的变化，还将出现更大的变化。中国步入了新时期发展的黄金时段。

第十章

1990年代

社会时尚的变化同样体现在脚上
（张海儿摄）

第 十 章

1 9 9 0 年 代

"悠悠岁月，欲说当年好困惑……"这首电视剧主题歌曾经回响在大街小巷。1990 年至 1991 年，王朔等人策划的中国首部大型室内连续剧《渴望》在各地放映，顿时掀起了一股《渴望》热。剧中温柔、善良、贤淑的女主角刘慧芳赢得了观众的心。同时，刘慧芳常穿的一件深色圆领口而无领的春秋两用外套也深得中国女性的好评，被冠以"慧芳服"之名引发了流行热潮。其实，90 年代初慧芳服的流行，可以看作是社会转型时期矛盾心态的物化显现，这一时期正是计划经济与市场经济相互斗争、相互说服、相互观望的时期。

到 90 年代，市场经济对社会的影响越来越明显，"下海""发了""大哥大""老板"等成为最朗朗上口的词汇。社会对成功者的定义，也由昔日的"英雄人物"或"劳动模范"，转变为西装笔挺、腰包鼓鼓的"大款人士"，和会说外语、穿着职业女性套装的"白领丽人"。

在市场经济大潮的冲击下，中国社会的文化价值结构开始充分体现出"经济—商业"的利益主导性，中国大众现实活动的基本目标开始落实到

90 年代的阳光更加悦目，服装
更加丰富

物质生活积累和占有的过程中，落实到直接具体的日常享受之上。"以经济
为中心"对中国社会而言，既是一个十分诱人的社会政治纲领，同时，在
现实活动层面上，它也是中国大众的具体生活信念和价值坐标，是引导人
们自觉地进行生活改造和提高的基本力量。

　　20 世纪最后的十年，"后现代"也进入中国大众的生活之中，并消解
掉了自身的严肃含义，俨然成为一种时髦词汇。变成"目前""现在"的代
名词，或被用来指称时髦的消费或审美。这些字眼通常在精品消费杂志上
以"前卫"或者"高雅"的面目出现，并做出比一般的大众文化产品有着更
高的品位或者格调的姿态。

　　后现代主义时装的另一重要特点，正是改变过去以上流社会时装为主
流的时装文化，使年轻人的、街头大众的真实生活得到重视：到了后现代，
时尚不再高不可攀。

1."作秀"不仅仅是姿态

有人以半文半白的文字薄幸了 90 年代时髦装束,那口吻恰似五十年前的老夫子们:

> 女性服饰流行风潮变化不但多样,且速度飞快,实非我辈能望其项背。仅仅下半身之裙幅就极尽变化之能事:有时快速往膝盖上蹿升,说是"迷你";有时又骤然跌至脚踝,名之"迷地"。其宽窄尤其富于弹性,"蓬蓬"裙走势时,满街都是降落伞;窄裙当道时,路上只见一颗颗烧肉粽。常想,洋装尽可以招摇,长裤总该规矩些吧,实又不然,不但上下伸缩如意,厮中也自在开弓。所谓三分、五分、七分裤云云,在我还摸不清尺寸时,又出现裤裙之类的混血儿。最令人消化不良的是裤之宽窄也喜欢走极端。喇叭裤盛行时,非裤非裙,是耶非耶?如果女人当被喻为扫把星,这时最像。但物极必反,很快又风行紧身裤,女人又像打了绑腿要上前线的花木兰。[1]

人们的价值观、审美观发生了转变,一反建国后不敢特殊、不敢个性的从众,而转向了模仿追随社会中理想的男女形象。为了获得机会、获得重视,努力将自己穿扮得与众不同以区别于他人。"为成功而穿扮"的观念在很大程度上导演了 90 年代初年的衣着时尚。

号称"最新锐的时事生活周刊"的《新周刊》2000 年也曾刊文称:

> 这是一个作秀时代。只重内容不重形式、只重实力不重形象的时代一去不复返了。……我们欣慰,作秀的人越来越多了;我们遗憾,作秀的人还是不够多。勤劳勇敢的中华民族应该勇敢地作秀。因为,作秀也是进化和进步的原动力之一。

《新周刊》注解说:"作秀(show),展示、炫耀、表演直至卖弄之意,来自英文,无褒贬。"[2]

在信息日益泛滥的环境里,在竞争日渐激烈的社会中,人们需要最大

1
郑明琍:《邋遢行江湖》,《讲穿》,海南出版社 2000 年版,第 228—229 页。

2
《新周刊》杂志社选编:《新周刊 2000 年佳作》,漓江出版社 2001 年版,第 203 页。

他们是伴随着迪士尼、NBA 长大的一代，他们依着自己的愿望穿衣打扮，朝气，阳光（张左摄）

程度吸引众人的眼球。从表面上看，"作秀"是一种姿态，深究原因，其实更是一种生存需求。从头到脚，美发美容美体美牙美指甲，中国人已彻底认可这一整套对自身形象的设计包装，当然包括服装。穿衣打扮重新成为社会生活中备受关注的个体化生活内容。

80年代的中国人渴望时髦，但是还没有完全找到方向。90年代之后，便开始猛追国际流行了。90年代初期，当时国际上已退潮的大宽垫肩、泡袖、腰带束身的"女强人"造型服装，却成了国内流行。

这种女性的时装常见形式有大宽肩（加肩垫）或肩线下垂于上臂，蝙蝠袖或披肩袖，正装风格的西装外套或风衣、衬衫，都会加上厚厚的垫肩而显得硬朗，在夸张宽肩的同时，用宽腰带紧收腰部突出女性纤细的腰身。

从80年代延续下来的职业女装更加广泛普及。具有白领身份的女性都把职业女装视为时装，时装店里也以此类女装居多。这种特指从事办公室或其他白领行业工作的女性上班着装，款式都十分经典，西式翻领上装和西式套裙，通常色彩素雅、款式简洁、裁剪讲究。也有相当一些其他职业的女性将其当作时装穿着，当作成功女性的标志，因为能在干净明亮、有空调暖气的环境里朝九晚五地工作，拿着高工资的白领女性是被羡慕、仿效的，因此穿着职业女装是在90年代初炫耀作秀的典型。

80年代以来的西装热仍在延续。西装是男士们的必备之装，依旧受到官方的鼓励，是中山装被冷落之后的男士首选。

这一时期的西服无论在板型还是款式上尚处于初级阶段，穿着者也常有不合礼仪的穿戴或搭配。年轻人梳着香港歌星郭富城的发型，穿着宽大西装，配上阿迪达斯运动鞋；中老年人穿西装虽也是时髦之举，但却在西装里穿一件手织毛衣，足蹬白色旅游鞋。

对于白领男士来说西装更是必要的行头。他们一般有大学背景，收入相对丰厚，在大多数时间里穿着西装、白衬衫，系领带。他们是当时西服和高档服装消费的主力军。一本服饰期刊记录了这类白领的打扮："穿的是小立领、暗门襟衬衫，外套薄领西装，是淡雅的米色格子料子。头发梳成油油的反包……像《上海滩》里的周润发。"[3]

3
田图：《上海小姐谈男性穿着》，《上海服饰》杂志，1992年第3期，第21页。

2. 品牌与扮"酷"

在 20 世纪末中国的都市生活里，文化成为了消费的要素，甚至消费行为从本质上也变成了文化行为。

进入 90 年代，新型的消费观念、消费模式在中国的都市中已经登堂入室。不知不觉之中，各种商品已承担起广泛的文化联系和传播的功能。人们不仅仅消费物质产品，还消费商品品牌所象征所代表的某种社会文化意义（包括心情、美感、档次、身份、地位、氛围、气派、情调）。而在消费过程中，人们亦借助消费表达和传递了自己的地位、身份、个性、品位、情趣和认同。这就是所谓象征性消费。

这种大环境下，时装市场前所未有地充满了洋文字母构成的名牌渴求。时装、手表、鞋子、箱包品牌符号显示了使用者的身份、品位和行为，甚至可以通过一个人的着装风格来解读穿着者。某老板跷起二郎腿，有意露出鞋底上的"LV"字样；穿"Levi's"牛仔裤的小伙子显摆着后腰侧的商标，无非都是出于彰显欲望。

境外的服装已经不再需要通过南方市镇上的"国际倒爷"进入中国了，而是堂堂正正地经过合法贸易大举入驻中国的商场或精品店。被视为贵族商店的上海美美百货开业时即拥有三十多个国际顶尖服装品牌，与此同时，在众多消费类时尚杂志的大力鼓吹下，中国消费者的品牌意识明显加强。

虽然进入了品牌时代，但广大消费者还来不及弄清楚品牌应具有的文化内涵。所以一方面，人们表现出来的名牌热情让人感动和振奋，另一方面，媒体、消费者对服装品牌的盲目追捧又令人啼笑皆非。

1996 年 11 月，《北京青年报》上刊登了一则消息《浙江一条广告惹众怒》。文章报道浙江一家服装公司为"树立企业形象"打出了一条广告，曰："50 万元能买几套海德绅西服？"答案是 10 套。因为这是用进口高档面料、嵌宝石的纯金纽扣制作而成的豪华服装，定价分别为 6.8 万、4.8 万及 2 万。报道称，这则广告引起众怒，一位钢铁厂青年工人来信说："我在炼钢炉边已战斗了五个春秋，流了多少汗水，留了多少伤疤，你是无法想象的，这本是我的骄傲和自豪，但我现在感到很可悲，因为我五年的劳动所

90年代的时装秀方兴未艾，为服装宣传造势的同时，亦是媒体的娱乐节目（叶健强摄／fotoe 供）

1992年假日的北京街头，西装显然被当作了休闲时装（朱宪民摄／fotoe 供）

420

90 年代街头的年轻人"靓"而"酷"（徐乐中摄）

得，还不够买你公司的一套西服……"因众怒难平，该公司向消费者致歉："我们忽视了它带来的负面影响，这容易误导消费者，助长高消费，不利于社会主义精神文明建设。"不过该报道又称："据悉，这10套豪华西服目前已有9套被人买走或订购。据称，这9个买主绝大部分是生意人和建筑业主。"[4]

一篇名为"老欧洲是一个陷阱"的文章则以通晓欧洲时尚的明白人之口吻，在感慨消费文化无孔不入的同时，对消费大众进行了点评。

> 上海人将羞惭于自己一度的混乱的迷恋，在品牌主义压倒一切的鼓吹中，竟将老欧洲之外的时装糟粕当作了精华而加以俯拾，对一种拙劣的模仿进行二度模仿，还自我感觉良好地夸夸其谈"品位"以及诸如此类的词语。[5]

作者在质疑真正属于老欧洲的精致生活方式能否属于国人的同时，也是提醒"要稳步前进而不是放纵内在欲望"。原是一本嘲讽美国社会现实的书——《格调》，在中国居然成了中产阶级生活方式的指导手册。

外来语"cool"，被恰当地翻译成了汉语形容词——"酷"。这个词成为了90年代后期绝对时尚的词汇，可以是形容词、感叹词，或是名词。

一本记述百姓日常生活的小书里描绘了街头的扮"酷"女性：

> 在这样的季节，人就乱穿衣了。很少有同样装束的女性，拎包各异，发型多样。学生模样的年轻人，上着T恤，下穿牛仔，多用双肩包，挂在身后，比较精神。这双肩包和背带裙代表年轻，稍稍年长几岁的，就不敢擅用了。个别要显得与众不同者，将带子拖得老长，走一路晃一路的，小小的落拓或嬉皮。她们一般没有首饰，或仅限于在胸前挂个好玩但不值钱的东西，木头的，石头的，或是手腕上挂个木石镯子。街头最多的是青春期后的女士。她们要么挽着男士的臂膀，要么挽着女伴的手。她们多少化了些妆，服饰比较得体，花样最多。从裙到裤，从T恤到衬衫西装，没有不能穿的，还有无跟的凉鞋。常常有人在外

4
《北京青年报》，1996年11月20日，第4版。

5
王唯铭：《老欧洲是一个陷阱》，《上海服饰》，1994年第4期，第16页。

面罩个精致的背心，样式也不雷同。没看到旗袍，也没看到露出的肚脐。较多的女性剃一个男头，发根短短，含蓄地张扬着……[6]

作者记录的是1997年10月在上海淮海路上的景象。其实，这几乎就是中国许多城市商业街每天上演的时装大戏。

90年代中期以后，男人们的西装外形也逐渐跟上潮流，由宽松过渡到合体，垫肩变薄，袖笼变小，西裤的臀围变小，立裆变短，裤腿变窄，讲究轻、薄、挺、翘。1993年枪驳领双排扣西装流行，但1996年已经悄悄被三粒扣或四粒扣的西装一统天下了。

时髦的休闲服概念也被炒作，成为日常男装中的一大流行，如高档T恤、牛仔裤、套衫、格子绒布衬衫、灯芯绒裤、纯棉白袜、旅游鞋等。随着生活水平的提高、双休日制度的实行，保龄球、高尔夫球、旅游、卡拉OK、滚轴溜冰等现代休闲活动的流行，都市中忙碌的国人越来越接受休闲的生活方式，把休闲类服饰视作身份地位的一个物化象征，或者作为自我炫耀的品位欣赏。

1993年至1996年的短短几年间，女装风格就发生了相当大的改变，1993年仍在沿袭之前宽松、厚垫肩、蝙蝠袖、锥形裤等流行元素，三年之后时尚已经倾向贴体的风格，开始流行露脐装、无袖装、吊带裙等直视直言的性感装束。

6
陈村：《街头女人》，吴亮、高云编：《日常中国：90年代》，江苏美术出版社1999年版，第3页。

中国的街景正在变得光怪陆离
（徐乐中摄）

许多城市商业街上，人们穿得或长或短，或露或透，或新或破，或张扬或含蓄……几乎就是每天上演的时装大戏
（徐乐中摄）

3. 直视直言的性感

90 年代中期，超短裙流行开来。

> 黑色皮质超短一步裙穿在上海小姐身上真是棒极了。短裙配长衣
> 是最多见的……一次坐 55 路汽车上看到马路上一位小姐，穿深蓝色两
> 粒扣长西装，同色，长度到膝盖上一寸的一步裙，黑色薄丝袜与中跟
> 方口黑鞋，很雅致的珍珠色绣花衬衫。风吹过来一头长发飘然欲起，
> 配上很有上海特色的秀气的五官，不得不惊叹上海小姐怎么会这么轻
> 而易举地把本来属于欧美人的衣饰风格融入自己的服饰，继而确确实
> 实地变成了属于自己的东西！[7]

超短裙开始流行时是配以套装穿的一步裙的形式，后来款式丰富，有
了具休闲和青春意味的百褶超短裙、牛仔超短裙以及喇叭形的超短裙，质
料也有皮、棉、真丝、化纤多种材质。如果说 1994 年的超短裙还带有一
种优雅或清纯风格的话，1995 年的时尚女子则开始用超短裙和长筒袜营
造出一种挑逗的风情：

> 她们穿着一袭黑色的短装，只是一个穿了一条西装短裤，另一个
> 穿了一条超短裙，下面都穿了一双长筒的黑色丝袜。但是，令人百思
> 不得其解的是，袜子的长度有一种欲遮还露的感觉，那长筒丝袜口齐
> 齐地落在裙子和裤子下边两寸左右的地方，露出一段白晃晃的皮肤，
> 甚是扎眼。[8]

此外，时装中也有紧小的上衣与肥大的裤子或裙裤的搭配；喇叭裙也
为当时女性所爱；还有一种蜡染的大长衫，也多被时髦而具一定知识水平
的女子用来展现自己独到的民族风情。

90 年代末，女人的衣服越穿越小，越穿越紧。

所谓"小一号"是对短小紧窄着装风格的形象描述，1997 年以来，"小
一号"一直是主要的时尚元素。"小一号"几乎对所有的服装式样造成影响，

7
柔秦:《普通女性谈穿着》,
《上海服饰》, 1993 年第 4
期, 第 31 页。

8
乐叶:《超越传统: 从无
序走向有序》,《上海服
饰》, 1995 年第 5 期, 第
22 页。

从世纪初的马面裙到世纪末的超
短裙，不能不说是巨大的跨越
（刘雷摄）

衬衣、裤子、裙子、外套，时装中的肩越削越窄，腰越吸越细、袖笼越收越小、臀部越绷越紧，职业套装亦不再是宽肩方正的形态，而是日益苗条贴体，充分凸现出女性身体曲线的起伏。

各种弹力布面料，将女装的外轮廓处理得柔和性感，仍在流行中的简约主义，更从面料、板型、外观的角度保证了"小一号"之风的不衰。衣服的目的似乎真正成为"第二肌肤"，遮掩成了强调显现的手段，"小一号"最大限度地释放了中国女子的性感。

这是中国服装史上女性最为暴露的时期，一则有关的解析说：

> 露脐装（bare midriff）是一种在国际上可称经典的款式，在中国却一直没有机会亮相，尽管人们曾多次预言它将出现。1996年露脐装在中国的流行就像一个梦，来势之猛让人吃惊：几个月内从无到有，到满街流行。这是一个典型的流行潮（fad）。[9]

1996年露和透的性感风格在中国几乎是以风驰电掣般的速度流行开来的。几个月间，露脐装从无到有，又到满街流行，由西方世界刮起的薄、透、露性感时装风，吹遍了曾经是那么肃穆的中华大地，丝毫不必怀疑担心的是中国人在衣着上的大胆和创新。吊带裙、低领线的短小上衣、超短裙、无袖装已经普及到了大学校园甚至机关单位，迷你裙风靡神州大地，秀腿毕露已是十分平常的事。

吊带裙省料省工、价廉物美，中国女性露肩露背，趿拉着拖鞋一般的皮鞋到处游走。"内衣外穿"于数十年前还是西方设计师在时装展演台上的创意，而今已是中国大街上的风景。1998年的一篇"今秋必备单品"的文章讲述了当年吊带裙的风情：

> 细吊带长裙曾在三年前风靡大街小巷，但那时候的细吊带是用于衬在T恤外面的，女人们一个个打扮得纯真学生模样，反倒失去了细吊带原有的情味。今年不一样了，今年的细吊带不是用来遮遮掩掩的，而是用来展示的，女人圆润的肩、性感的锁骨以及美丽的胸部刹那间给你一种明确的视觉冲击，反倒显得坦坦荡荡。[10]

9
包铭新：《时髦辞典》，上海文化出版社1999年版，第16页。

10
甜豌豆：《今秋必备单品大预告》，《上海服饰》，1998年第4期，第21页。

女人穿"小一号"的时髦，就是
衣服越穿越小、越穿越紧。雕塑
《@ 的系列》之一（崔宇作）

露脐风吹到了中国，时尚将性感点移到了肚脐（刘雷摄）

至 1995 年，"内衣外穿"成为中国的热门话题，与这股风潮相配的有以露为特色的各种夏装和"凉拖"（做成拖鞋式样的凉鞋），穿着被称作太阳裙的无袖连衣裙，中国的时尚女子将以前几乎不可能裸露的肩膀和后背暴露在夏日的阳光下。欧美民族夸张而暴露的衣着方式取替了东方传统的含蓄和封闭，甚至中国女性的理想体形标准也潜移默化地发生着转变。

有文人或愤愤或悻悻地描写道：

> 当你伫立在 90 年代上海的冬春街道上，你将目击到一幅驳杂、混乱而富有生气的性感景色：工薪阶层的女士穿着黑色或豹纹（后者是 1994 年流行的最新款式）踏脚裤，使都市动荡在粗俗不堪的大腿旋风之中；白领或富家女子则在黑色呢大衣和长裙下放肆地展示肉色丝袜里人的小腿；餐馆和时装店里到处亮着半裸女子的装饰灯画；……女人们穿着华贵的时装，在各个涉外宾馆的大堂或走廊上含而不露地游走着；越过春天和阳光的气息，情欲在都市里无言地弥漫和生长。[11]

1994 年，中国举行了首届内衣大赛。内衣已经不再隐于衣内而跃为时尚焦点，这在过去绝对属于不能公开的女性羞涩之物已公然亮相。香港语汇的文胸取代了普通话中的胸罩和乳罩等固有叫法，女性们也渐渐掌握以英文字母 A、B、C 区分罩杯尺寸，及数学分数 1／2、3／4 等用以标明文胸杯型，并接受了穿着价格昂贵的内衣是生活有品质的一种表现——不仅寓意富足的财力，更需满足一份美丽的心境。购买名牌内衣无异在公众面前泄露自己的高品位。

为了配合性感的服装，整形内衣应运而生，通过用料做工手段，甚至商业噱头来鼓吹塑造出理想的女性形体。市场上充斥具有塑胸、按摩、丰胸等功能的文胸，中国的公共场所里内衣广告林立，穿文胸、内裤的美女摆着"甫士"（pose），大商场里的女内衣地盘日益扩张，双双对对的男女青年毫无顾忌地在文胸内裤衣架堆里游走……

后来，中国人还将其再创新，中国古老内衣——肚兜成了吊带衣衫的"中国版"。旗袍、肚兜、斜襟小棉袄等形式又一次成为时尚。2000 年的夏日，肚兜被都市女孩堂而皇之地穿到了大街上，其亮丽的色彩、精巧的绣花和

11
麦童：《性感的都市》，《上海服饰》，1994 年第 3 期，第 8 页。

透、露是 90 年代的世界女装潮流，中国女性也迅速跟上潮流（徐乐中摄）

内衣外穿，露肩露脐，曾经还是西方 T 台上的创意，而今已是中国大街上的风景（徐乐中摄）

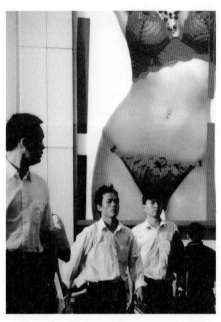 

女内衣广告的张扬，也许昭示着开放的深入（马克·亨利摄）　　现代版的中国"肚兜"构成世纪末的香艳风情

装饰，使世纪末的中国时尚带上了一股香艳的味道。一篇网络文章写道：

> 2000 年的初夏，桃红、大红、洋红、粉红、翠绿色的"肚兜""盛开"在上海各个角落。那些娇嫩如花蕾的女孩穿着改良的现代"肚兜"，缚着透明的胸罩带，配一条绣花的牛仔短裤，神采飞扬地走在大街上。街边晒太阳的老人看呆了："乖乖隆咚，现在兴穿一块布⋯⋯"[12]

4. 新新人类与新时尚

"新人类"也是外来语。一般是指生长于七八十年代的一代新人，他们没有经历过动乱、饥饿和灾难，接受过教育，享受着安逸生活，对信息时代飞速发展的技术文明尤为敏感，他们在不同于父兄的环境下成长起来，

12
高春明:《肚兜女孩》,"青竹林",网络资源。

最终以自己的思维和行为方式影响时代。只有一些大中城市才具备"新人类"生长的土壤，但这类新人的影响力仍不可小视。

"新新人类"当然是比新人类更新的一代。

网络开始使中国大众，更确切地说，使中国"新人类"的生活在刹那间鲜活和广阔起来。新人类在中国成为一股无法为社会忽视的力量，与以网络为代表的信息技术合力，从而代表着最先进和最国际的技术能力、生活方式，甚至语言形式。不可否认，中国都市在许多方面都赫然进入了"后喻时代"。[13]

中国媒体对新人类有着五花八门的分类和名称，当然大部分来自于国际流行：新人类、新新人类、X一代、Y一代、飘一代、卡通一代等等。他们身上有着共同的标签：消费动物（零储蓄概念，追求名牌）、崇尚资讯（与现实相比更重虚拟世界，电视、音响、电脑、网络占更重的分量）、热爱卡通（蜡笔小新、樱桃小丸子、Hello Kitty、史奴比等卡通形象）、游戏化的工作态度（选择工作的标准倾向好玩、时尚，如形象设计、音乐人、游戏软件工程师）、热衷全球化的东西（新人类将之称作"东东"，包括从英汉混合的口语到哈根达斯冰淇淋）。新人类的口头语，"酷"（cool，源于美国）、"蔻儿"（cute，简称Q，源于日本），还有"IN"（表示入时）、"哇噻"（来自台湾的惊叹词）、"卡哇伊"（可爱）、"逊"（差劲）……

世纪末儿童风貌兴起，"后儿童化现象"在大都市中不断蔓延，成为时尚。

时装的儿童风貌包括1997年前后小巧的双肩背、透明材料的小提包、"水果大餐"般明亮色彩系列的服饰，1998年前后的娃娃衫、贝贝裙、五分裤、将折边翻上去许多的牛仔裤、孩子气的大头鞋，1999年流行的外形卡通的护耳、大大的斜挎包，以及各种人造裘皮的看起来毛茸茸的衣物。因为其可爱稚嫩的风格，这种儿童风貌在国际上又被称作"cute look"——可爱风貌。"年轻是最高的诉求，只要看来年轻、天真，什么样的东西都可以使用。"[14]

1997和1998年前后最流行的女鞋莫过于松糕鞋。这是一种鞋底加厚的鞋子，因厚厚的鞋底看起来有些像松糕而得名，有些鞋底的厚度甚至达

13
米德·玛格丽特（Mead Margaret）在其《文化与承诺》（*Culture and Commitment*）（中译本：河北人民出版社1987年版）中将文化分为前喻、并喻、后喻三种形态："前喻文化，是指晚辈主要向长辈学习；并喻文化，是指晚辈和长辈的学习都发生在同辈人之间；而后喻文化，则是指长辈反过来向晚辈学习。

14
王受之：《世界时装史》，中国青年出版社2002年版，第200页。

90年代末流行鞋底加厚的松糕鞋，松糕即喻鞋底之厚，加上露脐装、"小一号"风格的流行，构成了世纪末"后现代"的时尚风景（刘蓬作）

新人类、新新人类已经成为中国时装的主力，他们以扮"酷"的方式演绎时尚（徐乐中摄）

到20厘米左右。穿上松糕鞋,可以保证身高的陡然增长,有篇休闲文章写道:

> 我有个同事1米55,有一天跟她说话的时候,突然发觉她怎么比我还高了。再看,原来是脚底下有文章。高举直尺追她,非量量她的鞋跟不可。必须声明一点,我要量的不是她的鞋跟,而是鞋底。最后终于量到了,整整20厘米厚。[15]

尽管有人说松糕鞋是"败坏口味的城市时尚",并用"笨不可言""生猛""查理·卓别林式的滑稽可笑"来取笑松糕鞋,但在以高挑修长为理想身材,和服装风格日趋休闲的大环境下,松糕鞋的流行也在情理之中。1998年后船形鞋取代了松糕鞋的地位,船形鞋是指鞋头有些尖尖翘起,鞋身细长的鞋子。但以厚底为特点的鞋子仍然为不少年轻女性所爱。

1996年前后开始流行一种用透明的PVC材料制成的凉鞋,俗称"水晶鞋",能够清晰地露出穿着者的足趾。此外还有用同等材质做成的包,与之搭配的是五颜六色的指甲油的流行,时髦的女孩子会将趾甲涂上各种亮丽的色彩再穿一双水晶鞋。

15
《女孩着装品位之分析》,"21CN北京站",网络资源。

厚底松糕鞋配低腰裤,是20世纪末的时髦(闻子摄 / fotoe 供)

20 世纪末，韩国发起了文化产业的攻势，其偶像剧、影音产品和服饰装扮的时尚潮流都受到中国爱好者的追捧，这被生动地称作"韩流"，这些时尚的爱好者则被称作哈韩族。

哈韩族的典型装束是彩色的头发、戴着各种帽子、穿超大 T 恤衫、松垮得快要掉下的宽腿裤、耳朵上戴上数个耳环、挂上手链和颈饰，夸张一点的还会打上唇环或舌钉。[16]

哈日族，即日本时尚潮流的狂热追随者，他们迷恋日本的漫画、偶像剧、歌手等流行文化，他们的典型服装是茶发（染成茶褐色的头发）、色彩鲜艳的宽大运动上衣配上淑女味的百褶裙，彩色的半高棉纺袜，手上提一只大号的手提袋。

> 在 1998 年夏季的大街上，他们神气活现地向你晃悠而来……他们的头上一般而言总是一派五光十色，不是染着土黄的颜色，便是染着栗子的色彩，总之与汉民族应有的发色完全不相干。他们的耳朵上则总是戴着两个耳环，其质地有金有银，款式有俗有雅，那架势与传统的城市男人亦大相径庭。就发式而言，他们中有人呈现出板刷头的强硬，有人则呈现出鸟窝般的混乱。当我们将目光投射在他们脖子以下的地方，我们看到了一身黑色的衣服紧裹着他们的身子（他们的胸大肌在黑色的 T 恤背后常常隐隐透出），再往下我们则看见他们的双脚往往套着一双后跟极高的黑皮鞋。暂时，我还很少看到他们的手臂上烙有一些稀奇古怪的图案，但是，我和人们一起看见了披挂在他们身上的那些闪闪泛光的金属挂件。[17]

新人类的"另类"风貌表明了中国时尚已经没有禁区，开放的中国已经用坦然的心态看待这种"另类"时尚。

都市的街头时尚少年染发文身（多用文身贴纸做出的效果）、穿环打洞等在一般人看来非常出位的举动已不罕见。这些另类装扮中有西方 80 年代朋克一族的模仿者，这些年轻人染着五光十色的头发，夸张的还会留着朋克式的鸡冠头，戴着数个耳环、金属挂件，穿着黑色的紧身服和黑色的高底靴，绘有各种文身。

16
"这些年轻人最大的特点就是染发。颜色很多，但最多的是韩国人喜爱的酒红色。戴上一顶帽子，从渔夫帽到篮球帽、牛仔帽，把不同帽子与各种格调的服饰配搭是他们乐此不疲的装饰手法。小格子衬衫或超大码的 T 恤，浅色的大短裤或快要擦地的直筒裤，或者冬季的高领毛衣，尖尖头的鞋子，这些都是'哈韩族'标志性的穿着。"《中国年青一代热衷韩国流行文化哈韩族盛行》，"新华网"，网络资源。

17
王唯铭：《游戏的城市》，《比 '朋克' 无聊的 "家伙"》，网络资源。

迷你短裙、厚底皮靴、秀腿毕露的少女是90年代末街头的最大亮点，摄于1999年云南昆明（陈安定摄／fotoe供）

将头发染成与亚洲人种不相干的发色，成了时髦的重要表现，都市街头，时尚已无禁区（徐乐中摄）

时装圈的"韩流"所至，催生了年轻的哈韩族（徐乐中摄）

90 年代中期，大都市中生活优越的青少年开始逐步形成与成年人迥然相异的着装风格。这些青少年有强烈的品牌观念和国际化的审美观念，闲暇时间聚在一起玩滑板、骑单车、溜滚轴、跳霹雳舞。他们在装束上具有一种国际化的倾向，接近国际大都市的街头少年，流行反戴棒球帽、宽松的 T 恤衫、运动感觉的马甲、宽腿裤、造型夸张色彩明丽的球鞋。有人这样描述深圳街头玩小轮车运动 (Freestyle BMX) 的少年：

> 他们的打扮看似随便，但却透射出属于他们才能理解的精致，色彩与款式的搭配体现着良好的审美感觉，甚至连棒球帽檐弯折的角度也透着帅气。当然，进一步了解会更让人吃惊，他们连内裤的品牌与款式都有自己的讲究，而那拖拖拉拉的大裤衩悬在腰间的位置也绝不能马虎，具体地说，就是当他们做腾空动作时，那飘起的 T 恤下面，要刚好能露出一圈内裤的松紧带。[18]

这些青少年浸润在电视文化和快餐文化中成长，相对于他们的兄长辈而言，可谓彻头彻尾的消费主义者。当进入社会以后，他们更为熟稔哪些是高级成衣，哪些是大众名牌，也更乐意享受品牌背后的文化源头。他们对不懂得品牌的文化价值而只会用金钱衡量商品档次的人嗤之以鼻，将之视为农民或暴发户。90 年代前期和中期所流行的"梦特娇""皮尔·卡丹""金利来"都为这些新人类所不屑，被视为乡镇企业家的偏爱。

5. 后现代的花样年华

所谓后现代观念、后现代模式、后现代思潮都是指与原有形式相对立的当代意识、当代模式和当代思潮。后现代强调的是对现代主义的否定，通过消解现代主义的一些确凿无疑的特征而对现代主义进行扬弃和修正。

> 后现代不仅是一个时间性的概念，而且是一种价值系统，是一种文化精神。它不仅表征着与传统相对的社会和文化的变迁，而且体现着精神的嬗变。就反权威、多元论、非中心和冲破旧体制来说与现代

18
苗凡卒：《新人类》，花城出版社 2002 年版，第 4 页。

精神具有相同的特征。在艺术中，与后现代主义相关的关键特征便是：艺术与日常生活之间的界限被消解了，高雅文化与大众文化之间层次分明的差异消弭了；人们沉溺于折中主义与符码混合之繁杂风格之中；赝品、东拼西凑的大杂烩、反讽、戏谑充斥于市，对文化表面的"无深度"感到欢欣鼓舞……[19]

后现代主义文化商品最突出、最有代表性的领域之一就是服装。对纯粹性和功能的强调、对表面装饰的嫌恶，导致了服装设计领域在现代主义的立场上进行理性化的尝试。后现代主义的时装设计则试图脱离这种模式，而向装饰品、修饰和历史风格上的折中主义回归。时装业对亚文化风格进行整理、简化，有时甚至是多样化，在刺激自己的市场的同时吸收边缘文化或对立文化的异己能量，以满足市场的需要。

从90年代初直至90年代末期，一股股怀旧热潮悄然兴起。对知青时代的怀旧，对学生时代的怀旧，对老上海、老北京等人文景观的怀旧，以及毛泽东热等形形色色的怀旧之风充斥了整个世纪末的十年。消费文化对中国人价值观念和生活方式的渗入则使这种种怀旧情绪都以消费品的物化形式呈现出来：主题餐厅、流行歌曲、悬挂领袖头像、"月份牌"美女、《老照片》的系列书籍等，即便领袖像也在这里成了一个具有消费性质的文化符号，镜片圆圆的"溥仪"式太阳镜也成为年轻人表现自己俏皮时髦的道具。经典在世俗化的阐释中已变成了纯粹的文化消费。

90年代中期，社会上出现了一股对年轻青涩时光的集体怀念，年轻人哼唱《村里有个姑娘叫小芳》；大学生则感动于《同桌的你》或《白衣飘飘的年代》，在这种淡淡的、感伤的氛围中，中国女性的装束由80年代女强人式的浓妆夸张，过渡到校园女生式的温婉清秀，女性开始崇尚"淡淡妆，天然样"，发型中的大波浪高刘海被披肩长发、长辫子以及修出层次感的短发取代。校园风貌的装束大行其道，包括搭配圆领衬衫的细肩带连衣裙，宽松的棉布衬衫搭配牛仔裤，袖口长到盖着大半个手掌的衬衫或者毛衣，小巧玲珑的双肩背等。

或许与台湾作家琼瑶的《青青河边草》《梅花烙》《水云间》等民国故事的电视剧有关，民国风情的时尚也悄然流行。衣裙中有一种立领对襟加

19
[英]迈克·费瑟斯通著，刘精明译：《消费文化与后现代主义》，译林出版社2000年版，第10页。

百褶长裙的式样，被称为"婉君衫"，心思灵巧的时尚女子还会自己设计制作具有这种味道的衣裙：

> 我还有一件改装的对襟衣服。面料是柔姿纱一类很软很贴身的那种。底色是土灰色，上面是很淡很淡的青色小碎花。衣服的袖口、领口和下摆都有粉色镶嵌。领子没有采用传统的式样，而是开了一个倒梯形的敞口领。领子下面左右各有两个装饰型的对襟扣子，也是粉色的。下面一条乳白色真丝长裙，裙上印有同色的梅兰竹的暗花纹。……为此我专门请人手工做了一双千层底的老式布鞋，再配上一双白短袜。这时候我会扎两个小辫，一边系上一段粉色丝带的蝴蝶结。脖子上佩戴一个用丝线穿起来的绿白相间的玉饰。手上再戴一对仿玉的一粉一黑的手镯。随着手动会发出琅琅脆响，很好听。如果有风徐徐，仿佛玉树临风。[20]

世纪末的中国男性形象则陡然多变起来。男性的时尚感，来自新的生活方式和新的消费群体。一种"硅谷"风貌兴起，IT 新贵们的装束就是样板。比尔·盖茨（Bill Gates）虽然不会随便穿一件 T 恤出镜，但衬衫最上面的纽扣却总是不扣，下装通常是休闲裤与休闲便鞋。IT 行业的年轻人剃短的寸头，穿休闲装，根本不戴领带，普通衬衫（T 恤）、牛仔裤（休闲裤）、休闲鞋（运动鞋）式的"硅谷"风，伴随着网络时代的莅临，硅谷精英的财富神话和他们的衣着方式一起风行。

1998 年前后，"小女人"已经成为了中国女性包含着自艾自怜的自称，配合着满街蓬勃起来的"小女人散文"，女人们用架在头发上的太阳镜、迷你丝巾、A 字短裙、细吊带裙、颜色粉嫩的短袖羊毛衫、带有荡领的背心、细带凉鞋等强调表现女性柔美的气质，塑造着一种悠闲自在、惹人爱怜、娇俏动人的"小女人"的味道。

> 短袖毛衣多用羊毛与兔毛混纺出精致与温柔的质感，也使染色效果更加靓丽——天蓝、洋红、柠檬黄、青果绿……最重要的问题是：谁能穿这件短袖毛衣？……短袖毛衣甚至还受到生活方式的制约。它

20
柔奏：《普通女性谈衣着》，《上海服饰》，1993 年第 3 期，第 23 页。

的消费者应该是这样的都市丽人：上下班有轿车、工作时在写字楼、业余时间"泡泡吧"或者是玩玩"滚轴溜冰"，她们整日在四季如春的空调环境下生活，如受宠的温室花朵，而不把风度与温度连在一起的阶层是消受不起的。[21]

由于资讯发达、贸易频繁，国际时尚登陆中国的脚步越来越迅捷，几乎达到同步的程度。

世纪末，中国亦开始推崇 Preppy Look 风格（起源于美国名校预科生风格，为优质人士的休闲服饰），[22] 这种风格虽然倾向于休闲、低调、不事张扬，但用一些精英品牌作为品位的保证。穿着者多属于"小资"的群体，这些中国男性已经熟知国际上的品牌架构，穿着简朴但价格不菲，用名贵的香水，在低调中隐隐地张扬出精英气息。小资们可谓是更深的名牌症候群患者，他们的低调只是蔑视那些流行机器制造出的超级名牌，以衬托出他们所喜欢的那些冷门品牌和卓尔不群的品位。

网络上有一篇文章为《小资的正确穿着》，以少许"无厘头"的口吻将物质象征的小资表述得非常直白：

> 小资平时老穿 T 恤衫。什么牌子不打折就穿什么。比如 Prada，Dolce & Gabbana，Escada，运动点的就穿 Nautica，Lacoste，鳄鱼嘴得朝里，朝外那是农民穿的。全都是名牌。还都得是白衬衫。曼哈顿啊，富绅啊，偶尔也穿 T 恤衫。什么有名穿什么，什么花花公子啊，梦特娇啊，最次也得穿帆船……[23]

中性化男装是世纪末另一种时尚，流行服饰的色彩和款式往往难辨雌雄。1999 年后，男性的理想形象也日渐中性起来，中性化男装成为时尚，流行紧身、修长到纤弱的造型。除了围巾、披肩、细窄的领带等带有中性感的服饰外，衣物上也有中性化的处理，比如外套剪裁上有收腰、收腹等女装上的处理方式，甚至会有公主线，衬衫采用镂空、透明的面料，裤型收腿苗条，裤边会有小喇叭或分衩等手法。

临近新的世纪时，时装风格日益花哨，"优雅的嬉皮""装饰主义""波

21
刘君梅、卞智洪：《目击时尚·年轻就是OK》，网络资源。

22
"Preppy Look，明眼人一看便知道其包含许多美国元素，只是比人人怎么舒服怎么穿的美国多了份随意中的精致，有种含蓄的节制，中规中矩。"《信息时代男人怎么穿》，《上海服饰》2000年第6期。

23
《小资的正确穿着》，"江南广播网·小资天空"，网络资源。

"超大尺寸"是对国际流行的嘻
哈（hip-hop）风格的简单解读。
而属于后现代的花样年华，早已
脱离了传统的审美轨道。雕塑《@
的系列》之二（崔宇作）

希米亚""民族情调"成为时尚主题，荷叶边、流苏、珠子、绣花、各种民族风格的配饰、手工编织感的超长围巾、五颜六色的人造裘皮小饰物、花花绿绿的头巾、鞋头尖细超长的船形鞋成为新的时尚，而这些最新时尚的享有者则被称作BoBo族。BoBo中文名为"布波族"，是一个带有强烈21世纪味道的时尚名词。既代表了一种生活状态，也代表着一种穿衣风格。前一个"Bo"意指布尔乔亚（Bourgeois）的实用主义，后一个代表波希米亚（Bohemia）的浪漫主义。通常波希米亚被用来代表一种类似于吉卜赛文化的狂野自由，服饰风格集华丽、颓废、休闲于一体，看起来松松垮垮、毫无规则。色彩丰富，质料以棉麻为主，注重舒适性。[24]BoBo风很快吹遍中国都市的大街小巷，主要体现在男女休闲装上。

北京的中学校方诧异地发现，很多学生喜欢选买最大号的校服，穿上后显得松松垮垮的很滑稽。校方自然弄不懂这种来自国际流行的嘻哈风格（hip-hop）。嘻哈风格从诞生之日起就是一种彻头彻尾的街头风格，它把音乐、舞蹈、涂鸦、服饰装扮紧紧捆绑在一起，成为90年代最为强势的一种青少年时尚。其服饰的风格非常明确，"超大尺寸"就是对它最简单的描述。当然宽大并非嘻哈风格的全貌，而是最初形成的叛逆精神。嘻哈风格明确的服装标准，包括宽松的上衣和裤子、帽子、头巾和胖胖的鞋子。具体衣着可以细分成几派，比如侧重说唱、篮球、街舞、滑板……各有各的一套行头。主要配件包括T恤、牛仔裤或板裤、运动鞋、包头巾等等。[25]在充满节奏的音乐、舞蹈、运动的街头生活中，这种服饰风格渐渐与之融为一体，成为街头艺术不可分割的一部分。

经济的蓬勃发展使中国人长了威风。至世纪末，中国大城市的时尚已基本与国际同步，依托最先进的通信、交通、传媒，达到了中国历史上从未有过的互动。社会文化与国际接轨的同时，寻找和恢复本民族服饰文化和形式的意识也逐渐萌生，加之对民族文化的认同之风在世界兴起，中国的消费者和设计师也在尝试从中国传统服饰中找到与现代服饰的契合点，来传达具有民族个性的时尚思想。

中国时装界在又一次的新旧世纪交替的门槛上悄然发起了"中装热潮"，立领、盘扣、斜门襟掀起了未来中国时尚的盖头，这回轮到外国人啧啧称赞："Cool（酷）！"

24 美国记者大卫·布鲁克斯（David Brooks）于2000年在《天堂里的布波族》（Bobos in Paradise）一书中首创该词。"BOBO具有双重人格，一如其名。在表现波希米亚的一面时，他们选择了极端自由主义者特立独行的人文精神；而作为布尔乔亚的一面，他们的特点是享受舒适和权利。"《BOBO一族》，《ELLE》2000年第10期。"我是BOBO"迅速成为中国最时尚人群的身份自白。《BOBO风暴》，中国民航出版社2003年版，第13页。

25 在70年代的美国有色人种贫民中，为了让处在快速成长期的小孩子不至太快地淘汰衣服，经常购买大尺码的衣服给孩子穿，或者弟弟穿哥哥的衣服，久而久之造就了这种带有叛逆、玩世不恭气质的特色风格。

　　在中国的滨海城市大连，有一座百年纪念的城市雕塑：长达 80 米的黄铜板上，以浮雕形式模拓了 1000 双中国人的脚印：有世纪初被缠过足的畸形小脚；有正当壮年的健美脚印；有青春年少的稚嫩脚印；还有初生婴儿的可爱脚丫印，脚印都朝着一个方向前行……这一双双男人、女人、老人、小孩的脚印，印记了那座城市的百年步履。

　　同样，我们也许可用中国人的百年服饰塑造一组雕塑，则会有清末的长袍、马褂、瓜皮帽、镶滚袄裙；有民国的燕尾服、圆筒帽、旗袍、西装、中山装；有新中国的列宁装、人民装、红卫兵装；还有改革开放后的喇叭裤、文化衫、吊带裙……整整一百年的服装，中国人的衣着发生了多么巨大的变化！那些衣、衫、裤、裙是我们的父母、祖父母、曾祖父母及我们日常穿着的衣裳，那些服饰装扮是过往年代的时尚，在这里沉淀定格，不亦是模拓了历史的足迹、镂刻了风雨沧桑的时代的尊尊雕像？

后 记

书稿付梓之际，作为著者，并没有如释重负的快感，反倒有一种意犹未尽的感觉。确乎，一部百年服装的变迁史，起伏跌宕，关乎朝代更迭、家国兴衰……其时间、空间和政治文化的跨度，实难容纳于这样一本小书。

犹记上个世纪末，学术界和出版界纷纷围绕"百年"推出著作。当时，我们的研究刚刚开始，若出版粗制滥造的应时之作，实有违良知，出版社前来约稿，均付婉拒。此后，我们将百年的服饰流变逐步加以梳理、研究，耗时十数载，对史料、文字、图片进行反复考证、砥砺和甄选。在此过程中，我们得到专家、前辈、亲友的多番帮助，正是他们的支持和鼓励，才使本书几易其稿、日臻完善。

在此，感谢文学评论家许觉民、艺人学者黄宗江为拙作惠赐序言，并同中国服饰文化专家黄能馥等，在学术和图像诸多方面提供指导；感谢画家夏葆元为本书绘制精彩的水墨题图；感谢胡朋惠赐书名题签。

感谢研究生郭慧娟、张海容、朱涛、孙茜、蒋玉秋、杨勇、任芳慧伴我们共同走过这段研究历程；感谢李克瑜、徐广亨、窦砺琳、杨士琦、Paul Chapron、蒋慰曾、郭联庆、钟漫天、陈实、张平和、高建中、刘畅、傅靓、丁兵杰、张茹等为本书提供了有价值的照片和珍贵的收藏；感谢艺术家隋建国、梁硕、刘蓬、孙慈溪、崔宇、吴晓洵和摄影师张左、张海儿、钱瑜、安哥、徐乐中、舒野、刘雷等，他们的艺术创作为拙作增色良多；还要感谢北京服装学院给予的所有支持。

　　本书还选用了 20 世纪 30 年代《新生》和《大众生活》杂志、《生活·读书·新知三联书店留真集影》(三联书店，1998)、《老照片》(江苏美术出版社，1997)、《故宫珍藏人物照片荟萃》(紫禁城出版社，1994)、《旧中国掠影》(中国画报出版社，1994)、*La Chine Disparue* (Skira, 2003)、《孙中山在上海》(上海人民美术出版社，1991) 中的图片资料以及新华图片社出版发行的图片资料，在此一并表示感谢。

　　最后还必须感谢三联书店编辑张琳和书装设计家陆智昌，他们的专业慧眼和悉心工作使本书顺利出版。

著　者

2007 年 1 月于北京望京花园

　　在为本书补充图像的过程中，虽已多方搜寻，但条件和精力所限，尚有个别资料照片未能与著作权人取得联系，敬请与我们 (yuanzehuyue@126.com) 或三联书店联系，以便奉寄样书和稿酬。

著　者

2008 年 10 月又记

再 版 后 记

得三联书店再版的消息，甚喜，说几句。

此书虽微，颇得好评，还连续出版了繁体版、英文版、韩文版，亦得国家嘉奖。

"贤者识其大者，不贤者识其小者"，是治史者的通识。然而，胡适先生对此却不以为然："将来的史家还得靠那'识小'的不贤者一时高兴记下来的一点点材料。"[1] 我们正是所谓识其小者，一时高兴记下来了《百年衣裳》。

衣裳是人世间微不足道的"小"，而由个体到众多完成了的体肤体验和社会认同，无意中成就了一个民族对于过往的集体记忆。为此著书，素描一些过去岁月的侧面，衣服都是穿过的，描画或不描画都在那里了，我们认真地描画出来，大家喜欢，幸也。

再版之际，我们诚挚地感谢诸位专家、学友、同仁、朋友的鼓励；感谢方所等书店的热情推介；感谢三联书店为拙作外语版本及再版所做的种种努力；感谢编辑徐国强为再版的悉心付出。

著 者

2017 年 10 月

1 胡适：《上海小志》序："'贤者识其大者，不贤者识其小者'，这两句话真是中国史学的大仇敌。什么是大的？什么是小的？很少人能够正确回答这两个问题……一句女子'蹑利屣'，在我们眼里比楚汉战争重要的多了……这种问题关系无数人民的生活状态，关系整个时代的文明的性质，所以在人类文化史上是有重大意义的史料。然而古代文人往往不屑记载这种刮刮叫的大事，故一部二十四史的绝大部分只是废话而已。将来的史家还得靠那'识小'的不贤者一时高兴记下来的一点点材料。"参见胡祥翰等著：《上海小志 上海乡土志 夷患备尝记》，上海古籍出版社 1989 年版，第 3 页。